近世日本の大地主形成研究

池田宏樹

国書刊行会

目　次

第一章　西播磨米穀市場と大地主の形成

目次

目　次

目　次

第一章　西播磨米穀市場と大地主の形成

堀　彦左衛門家の豪農経営

一、はじめに

近世の丹波・摂津・但馬・播磨諸国（今日の兵庫県域）における大地主や豪農の経営研究については、以下のような主な先行研究が存在する。その研究論文の作成順に対象となった大地主を見れば、但馬国出石郡口矢根村（豊岡市）の大石藤兵衛家[1]・摂津国武庫郡上瓦林村（西宮市）の岡本市兵衛家[2]・摂津国武庫郡西昆陽村（尼崎市）の氏田元右衛門家[3]・但馬国出石郡森尾村（豊岡市）の平尾源太夫家[4]・丹波国多紀郡大山宮村（篠山市）の園田多助家[5]・

淡路国三原郡阿那賀村（南あわじ市）の山口吉兵衛家[6]・播磨国赤穂郡塩屋村（赤穂市）の柴原幾左衛門家[7]・播磨国加東郡太郎太夫村（小野市）の近藤仁左衛門家[8]・播磨国加東郡河合中村（小野市）の三枝五郎兵衛家[9]・播磨国揖東郡新在家村（たつの市）の永富六郎兵衛家[10]等である。

これらの大地主や豪農は近世において数十石から四八〇石に及ぶ所持高があり、その成長していった過程は様々であるが、その研究内容は概して所持高の大きさや集積過程の追究に終わっていることが多い。

しかし但馬国出石郡口矢根村の大石藤兵衛家の場合は米屋を営み、享保十九年（一七三四）から元文五年（一七四〇）までに一、二一五石余の米を販売しており、仕入米は自家の手作米・小作米あるいは出石藩の藩米の一部を、郡内外の米屋や酒造家に売却していたことが明らかにされている[11]。また摂津国武庫郡西昆陽村の氏田元右衛門家の場合では、㈠「売上高の主要部分をなすものが、米・綿・菜種とその他に農業生産の余業としての木綿織」であり、㈡「米・麦等の販売比率の増大は、それがかなりの絶対額をもつだけに、綿・菜種の販売額の増加とともに経営全体にとって大きな影響をあたえるもの」で、㈢「三町歩以上の富農的段階への発展にともなって、一挙に貨幣経済への入り込みを深くすることを明瞭に知ることができるが、その場合いわゆる商品作物は当然のこととしても、米が無視できない意義をもっている」とし、㈣「かなりの商品作物を擁するこの経営においても、なお米作への依拠から脱却し得ていない」ことが示されていて、㈤「各年余剰を生み蓄積し得たこの経営における収益源の大部分は、自作地経営にあったのであり、またその自作地収益の重要部分をなすものは米作および綿作」であったと指摘されている。畿内の先進地域といえども、米を中心とした穀物類が商品作物として大きな比重を占めていたのであり、富農経営全体にとっても大きな影響を与えていたことが示されていたのである[12]。

しかしこのような先学の研究方向である質地取得や金融あるいは商業活動を通じて田畑の集積が行われたとして

も、その取得した膨大な田畑から得られる米穀類をどのように地域市場で商品化していたのかという点については余り追究されてきたとは言い難い状況である。ところで播磨国揖保川の支流域では宍粟郡皆河村（安留町）に「室町末期に建てられたものと推定されているが、寿永のころ（一一八二〜八五）創建されて以来、一度も火災にあわず、建て直されたことがない」といわれ、「千年家」と称される古井家（国指定重要文化財）があり、[13]また揖東郡中構村（姫路市）には林田藩の大庄屋であった三木家（県指定重要文化財）がある。[14]さらに揖保川の本流域では揖東郡新在家村（たつの市）に龍野藩の大庄屋であった永富家（国指定重要文化財）があり、[15]同郡日飼村（たつの市）には一橋徳川家の庄屋であり、明和四年（一七六七）に母屋が建築され、それが現存している堀家がある。このように揖保川流域にはかつての大庄屋や豪農クラスの家々が存在し、その時代の状況を今日に伝えている。

このうち永富家とも姻戚関係のあった堀家は明治二十一年（一八八八）には三郡一一か村に所有地を持ち、明治三十一年（一八九八）の兵庫県貴族院議員多額納税者名簿では、その地価額が兵庫県第八位にあった家である。[16]

本章ではこの堀家が近世においてどのように豪農経営を成立させていくのかを取り上げるものである。なお、「豪農」の概念規定については「大高持百姓で地主として雇用労働を使用する手作経営や小作経営を行いながら、在方商工業や金融業を営む在郷商人でもあり、また同時に村役人を務め、領主御用も務める階層」と規定する先学の研究に依拠することにする。[17]

堀家は昭和五十六年（一九八一）に龍野市が市史編纂過程で調査するまで史料の公開を行っていなかった。市史編纂室で史料目録を作成しており、目録上での史料点数は一、〇六〇点であるが、実際の史料は五、三八四点以上ある。なかでも堀家の経営状況を知ることの出来る「万覚帳」は延享四年（一七四七）から大正七年（一九一八）までの一七一年間において二四六冊も伝存している。そしてこれらの史料は現在、たつの市立歴史文化資料館に保管されており、所蔵者への事前の許可を得ることで閲覧が可能となっている。

堀家についての先行研究としては『龍野市史』第二巻（一九八一年）と八木哲浩「近世の日飼村のこと、堀家のこと」（『庄屋の生活』所収）がある。[18] 本章では先行研究に依拠しながら、堀 彦左衛門延元・同延祐・同延政の三代が活躍した一八世紀初めから一九世紀前半までの時期、およそ一三〇年間に限定し、同家所蔵の「万覚帳」分析を中心にして豪農として成立する時期とその経営基盤について追究することにしたい。

注

（1）「京都大学人文科学研究調査報告書二」一九五二年

（2）今井林太郎・八木哲浩『封建社会の農村構造』、有斐閣、一九五五年

（3）山崎隆三『地主制成立期の農業構造』青木書店、一九五七年、一五〇頁

（4）梅谷光信「但馬最大の地主の発展過程とその隣村の変化について」（地方史研究一八号）、一九五五年、一五頁『神美村誌』一九五七年、一八七頁

（5）宮川満編『大山村史』一九六四年、三〇八頁

（6）沢田隆治「淡路における請山制山林経営—近世初期三原郡阿那賀村における山口家と請山業について—」（兵庫県の歴史第一三号）一九七五年

（7）『赤穂市史』第二巻、一九八三年、五二六頁

（8）植村正治『近世農村における市場経済の展開』同文館、一九八六年、二五頁

（9）『小野市史』第二巻、二〇〇三年、五一二頁

（10）『揖保川町史』第二巻、二〇〇四年、四四四頁

（11）前掲「京都大学人文科学研究調査報告書二」

（12）前掲『地主制成立期の農業構造』一五〇～二二四頁

(13)『郷土資料事典二八・兵庫県』人文社、一九九七年、一六〇頁
(14)『日本歴史地名大系二九Ⅱ・兵庫県の地名Ⅱ』平凡社、一九九九年、五七一頁
(15)前掲『郷土資料事典二八・兵庫県』一七二頁
(16)『都道府県別資産家地主総覧・兵庫編二』日本図書センター、一九九一年、六七頁
第一位　伊藤長次郎　(印南郡伊保村)　地価額九万二六八二円
第二位　斯波与七郎　(加東郡河合村)　地価額七万四九七七円
第三位　奥藤研造　(赤穂郡坂越村)　地価額七万四八六四円
第四位　日下安左衛門　(朝来郡粟鹿村)　地価額五万五〇三九円
第五位　平尾源太夫　(出石郡神美村)　地価額四万七六六一円
第六位　瀧　竹蔵　(印南郡平庄村)　地価額四万四八九四円
第七位　鷲尾久太郎　(武庫郡今津村)　地価額四万二七三一円
第八位　堀　謙治郎　(揖保郡小宅村)　地価額四万二一八〇円
(17)前掲『小野市史』第二巻、五一三頁
(18)『庄屋の生活―ハレ・ケの遊楽のくらし―』龍野市立歴史文化資料館、一九九二年

二、龍野藩と地域米市場

日飼村が天領であった時期の万治二年(一六五九)の「日飼村代々御年貢米納払之覚」によれば、取高一二六石一斗二升四合のうち、「米納江戸廻ノ米」は七五石六斗七升五合で、残りの五〇石四斗四升は銀納であり、地払いで換金していたことが分かる。(1)

また年不詳の文書であるが「御勝手大積」によると、龍野藩の年間収納米高は凡そ八万二三〇〇俵であった。こ

のうち京都・大坂・江戸へ廻米する分が四万八、三六八俵である。この他に龍野・作州三か年平均による検見の見込み分が六、五〇〇俵、網干蔵方入用三〇〇俵を除いた二万六、八三二俵が一年間に龍野地域で消費される年貢米の数量であったことが知られる。(2)

さらに龍野藩では「御米二歩通り網干新在家蔵納、八歩通り者龍野納ニ而御座候」と云われていたように、年貢米は龍野城下への収納が多かったのである。(3)

延宝年間（一六七三〜八一）の記録では龍野城下で酒造に使用される米穀は「例年六、三六八石」、凡そ一万五八九五俵であったと云われており、龍野城下では地域的米市場が近世前半期から成立していたことをうかがわせている。(4)そして元禄十四年（一七〇一）十月には「今度御当地ニ而鵤屋新兵衛・銭屋勘兵衛・三木屋理兵衛・鳥屋半兵衛・大和屋理兵衛米売場之義奉願」と五人の商人が米市場開設を出願していたのである。この出願には「銀元之義私共両人仕候、御運上銀ハ不及申上、御家中様御売米并他所御領分共ニ銀元請合仕候上ハ、金銀之義ニ付滞無之相勤、売場少ニ而も指閊申事ニ者銀元両人より刻限を不延急度埒明可申候」と龍野商人の升屋伝兵衛と新在家村の吉田屋十兵衛が銀元を引き受けていた。(5)この出願は許可され、五人の商人は㈠「御運上銀一ヶ年金百両上納」、㈡「御家中様御売米毎日大坂江飛脚遣シ候間、相場聞合売可申候、若米買手無之節御払米出次第御手閊なく何程ニ而も売場江買取、銀子当座ニ相渡埒明可申事」、㈢「御領分他所へ商人入込、米売買ニ付金銀差引少も無滞急度埒明可申候」、㈣「米売場奉願候口上書之外取まぜ之為売買之仕形一切仕間敷候事」、㈤「米相場之義毎日書付米売場判形仕、御番御奉行様江差上ヶ可申事」、㈥「他所之者入込候共、対御家中様一切無礼為致申間敷候事」の六項目の誓約書を提出していた。(6)

貞享二年（一六八五）の「書上申五穀直段付之覚」では一石に付御蔵米が銀四一匁、御手形米三九匁、上大豆四二匁、上小豆三四匁、上大麦二〇匁、上小麦三〇匁、粟二五匁、上稗一〇匁であって大豆が高騰していたことが分かる。[7]

元禄十六年（一七〇三）六月十一日に龍野藩では「大藤長左衛門様より御自分為御心得町手形米・大豆・小豆・麦・酒・味噌・油・酢・醤油之直段書付見直し候様ニ被仰下」と米値段等の見直しを命じていたが、御手形米が四四匁五分に対して上小豆四六匁、中小豆四五匁、上大豆三五匁、上小麦三三匁、上大麦二二匁であって、小豆が米価を上回っていた。[8]ところが宝永五年五月では「江戸廻り御城米龍野出船之節之米直段」であるが、龍野相場は米が一石に付六九匁五分と高騰していた。[9]

元禄十七年十月十四日の記録によると「御蔵米今日より少宛手形ニ而御渡し可被成旨、真鍋弥一右衛門様より平兵衛御呼仰渡、七右衛門様へ申上、町中相ふれ申候、手かた拾表ニ米三表程ツツ御渡被成候由」と蔵米払いには仲買が手形を差出し、手形一〇俵で米三俵が渡されていたことが分かる。[10]また元文三年（一七三八）七月二十五日の記録では「御代官大塚嘉兵衛様より利兵衛被召寄、先達而二十六日御蔵払之手形触申付候、今日手形其年之御代官へ持参仕、貝数可申上候筈」とあって、町年寄が蔵米払いに際しては買い入れの貝数を取り纏め、その年の代官に届け出ていたのである。[11]

米市場に対応して米問屋や米仲買等の米市場を機能させる役割を持つものはどのように置かれていたのであろうか。寛保元年十月に「俵屋正九郎・中垣内屋久兵衛・山下屋宗兵衛右三人江米問屋元方当分引受申付候間、向後正切手其外取引等格別念入厳重ニ致し可申候」と三名が任命されていたのである。[12]ところが寛保三年（一七四三）七月八日に町寄合が開かれ、「米問屋之儀、内談之上何分無之儀町之ためと被申置候、とくと御のみ入被遊候、晩方源三郎寄合場所へ参、段々存寄之旨年寄中へ申入候」と米問屋設置が議論されている。[13]そして年代は不詳ではあるが、「元町役人持之処、損銀相立右出処無之ニ付、懸屋両人右損銀引受問屋之処も同人持ニ相成、則年々冥加金差上居候処、同人勝手向不如意ニ相成、御用向勘定も難相立趣ニ付、右取調中家財引上申付候ニ付而ハ、米問屋商ひニも差支候訳有之、当分之処赤穂屋宗兵衛・井筒屋新五郎引受申付置候、然ル処、右米問屋五ケ町組頭持ニも致度趣も有之哉ニ相聞へ候得共、前書之通右問屋之儀者、上躰掛屋持之事故、同人落着迄ハ先頃相達候通宗兵衛・新五郎両人引受ニ而差置可申候」と町役人が米問屋を兼ねていたが、損失を起こし、二人の掛屋が引き継いだ。しかしそれも家計が不如意となったことから、暫定的に赤穂屋宗兵衛と井筒屋新五郎が任命されていたことが分かる。(14)

米問屋と違って米仲買の方は元禄十七年（一七〇四）九月の記録に「御蔵米持賃先年申渡し置候処、乱りニ取候由有之ニ付、弥前々之通致候様ニ中買中へ申渡し」とあって、早くから活動していたようである。(15) 元文二年（一七三七）十月に布屋甚右衛門が「中買願被仰上候、願之通被仰付」と、(16) また元文五年七月には萩原屋十兵衛が仲買を許可されている。(17) さらに寛保元年の記録では仲買は一五人以上存在していたことが分かるのである。(18)

寛保三年（一七四三）七月の記録では袋屋惣左衛門が「此度米会所出来候ニ付、他所米商人惣宿仕度願申候」と他所からやって来る米商人相手の宿屋の開業を出願したところ、「内談上以前より馴染之方々ハ格別、其外勝手ニ已ニ旅宿仕候得ハ、其元へ願聞届ヶ差免と申品無之候、馴染多有之参候得ハ勝手次第と申付候」と簡単に許可され、他所から馴染みの多くの商人が入り込んでいたことを示していた。(19)

さて、この米市場ではどのような動きが見られたのであろうか。まず元禄十六年（一七〇三）二月に龍野城下の下町の枝町であった今宿の米屋たちが「町会所へ参、上川原・下川原俵物類辻売ニ在之候而、今宿とめ置候様ニ訴訟」と辻売りの規制を求めており、(20) 同年八月には龍野藩は「七右衛門様より平九郎宛ニ被仰下候ハ、夜ニ入外より米入之様ニ相聞申候、暮六つより以後夜中ニ米一切持通り申間敷之旨申付候様ニとの義ニ御座候」と夜間に他所から持ち込むことと午後六時以降の取引の禁止を町年寄へ指示している。[21] また元文二年(一七三七)十月には「御奉行様より権八被召寄御勘定所へ罷越候所、米不実商仕候義前々より御停止被仰出候、此度とて弥堅不仕候、正米之障ヶニ相成候ハヽ、急度以曲事ニ被仰付候旨被仰付」と米の空売り禁止を指示しており、同月二十三日には「中買共へ急度申付、若不宜者有之候ハヽ、買使取上可申候」と町年寄に仲買を招集して徹底するように指示していた。[22]

しかし現実にはこの触書の徹底は難しかったようで、元文三年一月に壷屋太右衛門一件と云う事件が起こった。これは壷屋太右衛門が前年の秋から二度にわたって揖東郡林田町(姫路市)の玉屋伊兵衛との間で不実商いを行い、玉屋伊兵衛が「去極月より数度当春ニ至、日々願ニ罷出様ニ表達候様ニ仕候」と訴え出て明らかとなったものであった。[23] 龍野藩では同年七月に至り「御奉行様・御目付中様御立会、太右衛門義米商之義再三不実無之様ニ申付候所、林田玉屋伊兵衛方へ手形滞、大坂表より御印迄罷下り不調法之上、当地中間を相手取り、我儘計申、依之追入置候得共、重々不調法ニ付、急度被仰付様も有之候得共、御慈悲之上、手錠被仰付候」と太右衛門を処罰したのである。[24] この事件の落着直後には太右衛門一件と直接には関係なかったけれど、赤穂屋惣右衛門・川口屋又右衛門・津田屋八右衛門・広瀬屋善七・餝万津屋茂兵衛の仲買五名が「致方不宜ニ付、引せ候様ニ被仰付」と仲買株を取り上げられ、残り一〇人の仲買の者たちを招集して「右五人之者買使取上ケ申候、夫ニ付不実成商一切不仕候」と誓約させていたのである。[25]

寛保元年(一七四一)六月に発覚した林田一件では、元文三年(一七三八)十二月に林田町の米屋彦太夫と米屋利右衛門が龍野城下の塩物屋惣右衛門・笹屋八兵衛・出屋敷屋佐四郎の三名へ手形で米一三〇俵を売却したのであったが、三年たった寛保元年に至っても五八俵分の決済が滞っていた。彦太夫らはこの内の三〇俵分を堂本村(たつの市)の小八へ売却したいとして、両者の間でトラブルとなったものである。[26] また寛保三年二月に彦太夫らは龍野城下の赤穂屋平四郎・林田屋吉右衛門への貸米決済がされないことから「此度大坂従御番所様御裏印頂戴持参仕、塩物屋加判ニ付」と願書を町会所へ持ち込んでいた。[27]この林田一件は結末は不明であるが、米商いの取引が錯綜していたことを示している。

寛保元年八月に龍野藩では「近年口留御免被仰付候ニ付、在方町方共人々心ゆるみ候哉、初納相済不申内より米町方へ買入候哉、在中ニ而御年貢米をも五、六千有之候、ヶ様ニ猥ニ相成候ヘハ、又口留被仰付候様ニ相成候ヘハ、町方難儀ニも相成候間、人々心得相懸候哉、何も内談仕、寄々申聞、御年貢相済不申内ハ猥ニ買入候様ニ不仕旨被仰出候」と年貢納入前での買入禁止を町方に命じており、さらに農村においても「尤在中ニ中買有之、町より買ニ出し候義も有之候哉、随分在方も内御吟味有之候由被仰出候」と農村にも存在して活動していた仲買の動きを規制したのである。[28]

このように龍野城下に展開した米市場は従来余り取り上げられてこなかったけれども、決して小規模なものではなかったのであり、このような地域的市場が近くに存在したからこそ、日飼村の堀家はこの市場と結びついていくことで後述するような豪農へと飛躍する条件を確保していったのである。

注

(1) 堀　謙二家文書「日飼村代々御年貢米納払之覚」(万治二年三月二十三日)
(2) たつの市立歴史文化資料館所蔵龍野文庫「御勝手大積」(年不詳) 前掲『龍野市史』第二巻一九一～一九二頁では宝永七年の龍野藩における年貢米の収支が見られ、七六、七六二俵の収入のうち、二五、〇八〇俵を地払いにしている状況が分かる。
(3) 前掲堀家文書「乍恐奉指上口上書」(天明六年九月)
(4) 前掲龍野文庫「龍野町中酒造入米之覚」(延宝三年十二月十六日)

（5）前掲龍野文庫「一札」（元禄十四年十月一日）
（6）前掲龍野文庫「一札」（元禄十四年十月一日）
（7）前掲龍野文庫「書上申五穀直段付之覚」（貞享二年）
（8）前掲龍野文庫「覚」（元禄十六年六月十一日）
（9）前掲龍野文庫「米直段之書付」（宝永五年七月十九日）
（10）前掲龍野文庫「万覚帳」（元禄十七年十月十四日条）
（11）前掲龍野文庫「御用覚帳」（元文三年七月二十五日条）
（12）前掲龍野文庫「覚」（酉十月二日）
（13）前掲龍野文庫「申置状」（四月）
（14）前掲龍野文庫「御用覚帳」（寛保三年七月八日条）
（15）前掲龍野文庫「万覚帳」（元禄十七年九月二十六日条）
（16）前掲龍野文庫「御用覚帳」（元文二年十月十三日条）
（17）前掲龍野文庫「御用覚帳」（元文五年七月五日条）
（18）前掲龍野文庫「御用覚帳」（寛保元年十二月十二日条）
（19）前掲龍野文庫「御用覚帳」（寛保三年七月二十四日条）
（20）前掲龍野文庫「万覚帳」（元禄十六年二月十七日条）
（21）前掲龍野文庫「万覚帳」（元禄十六年八月二十三日条）
（22）前掲龍野文庫「御用覚帳」（元文二年十月二十三日条）
（23）前掲龍野文庫「御用覚帳」（元文三年一月二十五日条）
（24）前掲龍野文庫「御用覚帳」（元文三年七月五日条）
（25）前掲龍野文庫「御用覚帳」（元文三年七月二十五日条）
（26）前掲龍野文庫「御用覚帳」（寛保元年六月二十一日条）
（27）前掲龍野文庫「御用覚帳」（寛保三年二月十一日条）

（28）前掲龍野文庫「御用覚帳」（寛保元年八月七日条）

三、日飼村の村落構造

堀家の存在する日飼村は揖保川左岸沿いに延びる自然堤防上に位置しており、近世の支配関係は慶長五年（一六〇〇）姫路城主の池田輝政領、元和三年（一六一七）以後本多政朝、小笠原長次の龍野藩領、寛永九年（一六三二）天領、同十年岡部宣勝の龍野藩領、同十三年天領、同十四年京極高和の龍野藩領、明暦四年（一六五八）天領、寛文十二年（一六七二）脇坂安政の龍野藩領、延享四年（一七四七）以降から明治維新までは一橋徳川家領であった。(1)

日飼村の村柄は明暦三年（一六五七）の「酉ノ年田畑高指出し之事」によれば、村高は二七〇石余で、年貢の取米率は七〇・一七％と云う高率であった。(2) 寛文十二年の「田畑指出し之事」では村高の二七〇石余は変わっていない。その内訳は上田一九四石余、中田三六石余、下田一六石余、下々田一石余で、上田の石高が圧倒的であり、田方が村落全体の九四・三％を占めるという水田耕作中心の村であった。(3)

延享四年の「村差出明細帳」では日飼村高二七一石余の他に、日飼町分の石高が一六八石余あった。竈数は三六軒であったが、そのうち高持百姓は二九軒であり、無高の百姓が七軒もあった。また「御年貢米日飼村ハ七分通程龍野御蔵へ上納、三分通ハ村西ニ而舟積、網干御蔵へ上納仕候、舟路三里、同村之内日飼町分ハ龍野御手形ニ而諸事無構龍野御代官様へ差上申候、生米ハ納不申候」であり、肥料は「田畑両作とも干鰯用幷龍野御家中町方下こえ買取用来申候」というものであった。(4)

宝暦十年（一七六〇）の「田畑作方委細書上帳」には日飼村での「籾種一反歩ニ付三升宛三月八十八夜ニ苗代へ蒔き、田植五月之中七日前より中迄ニ植付仕候、苅旬者早稲方八月之ひかんより苅上、中稲者九月之節ニ苅上、晩稲者九月之土用迄ニ苅上申候」とあり、「田方六分通早稲作、内稲名訳六十日、青早稲、小早稲、早稲餅」、中稲は二〇％で品種は茶袋・品石とら・加賀餅であり、晩稲も二〇％で品種は弥六・荒木・いせ穂であった。また収量は「稲作無難之年一反歩ニ付米一石位より一石五、六斗迄収納仕候」とあり、木綿については「田作木綿者無難之年一畝歩ニ八〇〇目より一貫目迄取入申候」であって、さらに菜種は「畑方麦作之外、雑事跡ニ少々宛菜種植申候」等とあって、その他にも農作業に関わる種々の記述がある。[5]

日飼村の農民階層構成はどのようになっていたのであろうか。それを村名寄帳と宗門人別帳を基に作成して示したものが表1である。

五石以下の水呑といわれる零細な階層が寛文期より六〇％を超えていたのであるが、安永期以降は七〇％を超え、天明期は七七％のピークを示している。また一石以下の存在が元禄期以降多くなり、宝永期では三〇％を超え、それが安永期以降になると農民層全体の半数を超えてしまっていた。とくに無高層が安永期から現れ、天保期には五倍に急増していたのである。このような水呑層に対応する二〇石以上の富裕層は元文期まではさほど目立った存在ではなかったが、安永期以降にはずば抜けた高持百姓が急伸しており、その動向が注目されるものとなっていたのであるが、この高持百姓こそが堀 彦左衛門家の存在であった。

日飼村は一七世紀後半から零細な階層が多く存在していたが、しかし農民層の急激な分解が進展するのは安永・天明期以降のことであり、ここに豪農経営を解明する鍵が存在していたのである。

さて、堀家は日飼村でどのような位置を占めていたのであろうか。万治元年（一六五八）十一月四日に出された

表1　日飼村階層表

	寛文12年	貞享3年	元禄12年	宝永2年	元文2年	安永5年	天明2年	文化10年	文政2年	天保11年
無高						3	7	12	14	15
0～1石	4	6	10	12	16	27	30	20	22	13
1～2	1	6	2	4	6	2	2	6	4	1
2～3	1	2	5	3	1	5	6	2	3	4
3～4	3	4	5	5	3	2		2		4
4～5	3	2	3	4	1		2			2
5～6		4	1	1				1	2	5
6～7		3				1	2	2	1	
7～8	1		2	1			1			
8～9			2	2	2	2	1	2	3	
9～10	1	1								2
10～15	1	4	4	2	4	5	5	3	3	6
15～20	1	2	1	2	2	3	1	1	2	
20～30	1	2	1	1	2	3	2	2	3	1
30～40	1	1	1		2		1	2	1	1
40～50	1			1	2					
50～60						1				
60～70							1			
70～80										
80石以上								1	1	1
計	19	37	37	38	41	54	61	55	59	55

注）堀家文書：名寄帳・宗門人別帳より作成

「戊之免わり目録」には日飼村百姓一三名が連印署名しているが、その中に「ひこ左衛門」の名前がある。所持高こそは不明ではあるが、本百姓の一人であったと考えられる。[6]

　前掲『庄屋の生活』によれば、享保十八年（一七三三）から天明三年（一七八三）まで庄屋を勤めているとしている。[7]また元文二年（一七三七）五月の「日飼村田畑名寄帳」には庄屋彦左衛門とあり、以後は文化期に士分格の扱いをされる時まで庄屋を続けている。おそらく享保・元文期頃から庄屋の地位を確保したと考えられる[8]。

ところでご当主の堀　謙二氏のお話では、堀　彦左衛門延元は貞享二年（一六八五）に生まれ、延享二年に亡くなっていると云う。この彦左衛門延元の時代に庄屋に就いたものである。延元の跡を継いだのが彦左衛門延祐で、彼は天明八年（一七八八）に亡くなっている。そして彦左衛門延政が延祐の跡を継いでおり、天保元年（一八三〇）に亡くなっているが、この延元・延祐・延政三代の時代こそ村落の指導者となったばかりでなく、多角的な経営を展開して豪農としての地位を揺るぎないものとした時期だったのである。以下の項ではその経営状況を検討することにする。

注

（1）前掲『兵庫県の地名』六四〇頁、なお一橋徳川家領の地方支配については、拙稿「播磨国における一橋徳川家領の地方支配」（『商経論集』第三六号、二〇〇三年）参照

（2）前掲堀家文書「酉ノ年田畑高指出し之事」（明暦四年五月五日）

（3）前掲堀家文書「田畑指出し之事」（寛文十二年七月二十二日）

（4）前掲堀家文書「播磨国揖東郡日飼村差出明細帳」（延享四年五月）

（5）前掲堀家文書「田畑作方委細書上帳」（宝暦十年十月）

（6）前掲堀家文書「戌之免わり目録」（万治元年十一月四日）

（7）前掲『庄屋の生活』七二頁

（8）前掲堀家文書「日飼村田畑名寄帳」（元文二年五月）文化十四年五〇〇両を上納し、一代帯刀御免、扶持方二人扶持を領主から与えられ、宗門人別帳には記載されなくなっている。拙稿「播磨国における一橋徳川家領の地方支配」六〇頁

四、堀家の小作米収納と手作経営

堀家所蔵の宝暦八年（一七五八）・明和九年（一七七二）・安永十年（一七八一）・天明四年（一七八四）の四冊の「万覚帳」には堀家と小作人の小作契約高と収納状況とが記載されている。それを基に作成したのが表2である。前掲延享四年（一七四七）の村明細帳には「当村より片山村江出作田畑高二八石余、嶋田村へ一四石余」とあるが、宝暦八年の場合は片山村（たつの市）に多くの小作地があったと考えられる[1]。その後はほとんど見られなくなるけれども、理由は明らかでない。隣村の嶋田村の小作高は本村の日飼村のそれを上回っており、宝暦八年から明和九年にかけては二倍以上に急増している。前掲安永五年の「日飼村宗門人別帳」では彦左衛門は五二石五斗一合の所持高であったことがわかるが、安永十年の小作契約高は一八〇石を超えており、公式の帳簿と実際の経営規模には

表2　小作米請取一覧（1）

村名	宝暦8年				明和9年				安永10年				天明4年			
	小作人数	契約高（石）	請取高（石）	納入（%）	小作人数	契約高（石）	請取高（石）	納入（%）	小作人数	契約高（石）	請取高（石）	納入（%）	小作人数	契約高（石）	請取高（石）	納入（%）
日飼村	16	29.6550	19.0500	64.24	26	68.5320	51.4450	75.07	30	84.3200	56.0000	66.41	25	75.4550	54.6600	72.44
片山村	13	28.5460	22.6050	79.19						2.0000	2.0000	100				
嶋田村	19	43.3200	29.5600	68.24	44	93.1575	68.6645	73.71	38	93.7000	72.2940	77.15	40	87.4900	76.1890	87.08
小計	48	101.5210	71.2150		70	161.6895	120.1095		68	180.0200	130.2940		65	162.9450	130.8490	

注）堀家文書より作成

大きな乖離が生じていたことをうかがわせている。[2] 天明七年から明治六年（一八七三）まで八一冊が伝存している「小作御年貢請取帳」を基に作成したのが表3である。前掲表2と異なり契約高の記載はなく、各年毎に小作米を受け取った実数の記録である。天明七年から寛政四年までは明和九年から天明四年までの請取高より三割余も減少しているが、その理由は不明である。しかし寛政八年（一七九六）からは飛躍的に増大し、文化期以降は常時二〇〇石を超える小作米を確保していた。文化十年（一八一三）以降は日飼村・嶋田村以外の村落からの小作米の納入

表3　小作米請取一覧（2）

（単位：石）

村名	天明7年 小作人数	天明7年 小作米請取高	寛政1年 小作人数	寛政1年 小作米請取高	寛政4年 小作人数	寛政4年 小作米請取高	寛政8年 小作人数	寛政8年 小作米請取高	享和2年 小作人数	享和2年 小作米請取高	文化5年 小作人数	文化5年 小作米請取高	文化10年 小作人数	文化10年 小作米請取高	文政5年 小作人数	文政5年 小作米請取高	文政10年 小作人数	文政10年 小作米請取高	天保2年 小作人数	天保2年 小作米請取高	天保11年 小作人数	天保11年 小作米請取高
日飼村	19	40.5000	19	37.5200	17	35.8600	23	57.3000	25	42.7000	29	71.5800	30	57.0200	30	71.1865	30	65.0000	29	64.3100	23	58.5000
嶋田村	34	48.0600	25	32.5000	36	52.9150	39	109.2800	45	80.8650	45	116.9000	49	133.0700	54	168.0170	51	194.7400	52	190.8450	51	174.6000
四か町村	1	1.2000											7	8.6000	3	8.7600	2	7.2000	2	4.0000	3	4.0000
下野田村													5	2.8000	3	1.7500	2	2.3000	1	0.5000	2	2.3000
北瀧野村													1	2.0000								
青山村																					2	11.0000
その他		1.0200		1.2000		9.6000							1	1.2000								
小計	54	90.7800	44	71.2200	53	98.3750	62	166.5800	70	123.5650	74	188.4800	93	204.6900	90	249.7135	85	269.2400	84	259.6550	81	250.4000

注）堀家文書より作成

も見られるが、前掲表2と3に見られる時期の小作米確保の重点は圧倒的に本村の日飼村と隣村嶋田村の二か村に置かれていた。

前項において五石以下の水呑といわれる零細な階層が安永期以降は七〇％を超え、天明期は七七％のピークを示し、また一石以下の存在は安永期以降になると農民層全体の半数を超えてしまい、無高層が安永期から現れると指摘しておいた。果たしてこれらの零細層はどのように自らの再生産基盤を築いていたのかを堀家の小作関係を通して見てみると、天明四年の場合では小作人二五人中二一人の階層について家族数と労働人口の関係が分かる。それを示したものが表4であるが、所持高五石以上が一名で、残り二〇名の内訳は一石一名、無高二名、一石以下一六名で、これが小作層の所持高の実態であった。しかし家族数のうち、年齢一五歳以上六〇歳未満を労働力人口と考えて、それを見てみると、日飼村全体の労働力人口の割合は六二・二六％であったが、堀家の小作人の場合はそれを上回る六三％であり、比較的農業労働に耐えられる階層が小作人となっていたのである。

それでは一方の堀家での手作経営はどのようになっていたのであろうか。手作の規模は天明四年（一七八四）の記録によると「自分作覚」として下山根十蔵田以下二二か所で四三石九斗三升、四ヶ町分下大畑以下四か所で一石八斗、嶋田上新田東町以下六か所で一三石八斗、合計五七石五斗三升であった。[3] また文化二年（一八〇五）の記録では「手作米穀」として麦八〇俵一斗三升、麦種七斗五升を収穫し、米一一四俵、糯米二六俵一斗、大豆七俵、菜種六斗、そして種籾では六十日一斗、新川四斗、豊年坊主四斗、孫右衛門早稲八斗、松坂雑四斗、宮田二斗を得ていたのである。[4] 文政三年（一八二〇）の記録でも四月下旬から五月上旬にかけて麦種四俵一斗七升、白麦一三俵二斗、青麦一二一俵二斗を得、八月下旬から一〇月中旬に新川米三俵二斗余、白早稲七俵、豊年穂四二俵六升、四石四二俵、宮田三八俵、せんこう交じり四俵、しいら（粃）直し三俵、糯米九俵三斗七升、そして籾五八俵を得ており、籾種は新川一斗、白早稲二斗五升、豊年穂六斗、四石七斗五升、宮田六斗、糯米種六斗九升であった。[5]

天明期から文政期にかけての手作経営規模は五〇数石であり、寛政二年（一七九〇）の「奉書上明細帳」では石盛が「上田一反歩ニ付米一石六斗」と云われていたから、面積にして凡そ三町五反歩程の手作経営であったと考えられる。[6]

前掲延享四年の「明細帳」に「田畑両作とも干鰯用」と記載されていたように、この地域では肥料には干鰯が投

表4　小作人の所持高と家族関係

日飼村	天明2年			天明4年	天明4年
名前	所持高（石）	家族人数	労働力人口数	契約高（石）	請取高（石）
A	無高	3	2	1.2000	0.8000
B	無高	4	2	0.2500	0.0000
C	0.0617	4	3	1.2000	1.2000
D	0.0991	4	3	2.9250	2.0000
E	0.1022	6	4	5.6000	4.4000
F	0.1273	5	3	0.2000	0.0000
G	0.1281	8	3	5.0000	3.2000
H	0.1311	5	5	4.2000	2.8000
I	0.1488	4	4	1.2100	1.2000
J	0.1572	5	4	0.2000	0.2000
K	0.2198	2	2	2.2500	2.0000
L	0.2205	1	1	1.4000	1.2000
M	0.2645	6	3	3.8000	2.8000
N	0.3047	6	3	2.0000	1.2000
O	0.3237	8	5	8.6950	5.6000
P	0.7980	7	3	4.6000	4.0000
Q	0.8293	6	3	5.5000	4.8000
R	0.8743	4	4	8.8500	6.8000
S	1.6503	3	2	3.1000	2.4000
T	4.2941	2	1	2.0000	1.7600
U	6.1584	7	3	2.6000	銀納
V	不明			1.5000	1.2000
W	不明			2.3000	1.8500
X	不明			3.9500	3.2500
Y	不明			0.9250	0.0000
計		100	63	75.4550	54.6600

注）前掲堀家文書宗門人別帳と万覚帳より作成

入されていたが、手作にはどれだけ使われていたのであろうか。寛延三年（一七五〇）の場合は手作の規模は不明であるが、稲作に一九俵、麦作に五石三斗、綿作に一俵が投入されており、その大半は室津村（たつの市）から購入していたが一部は龍野城下の吉田屋と云う商人からも求めていた。その総額は銀六四五匁七分六厘である。[7] 文化二年（一八〇五）では上干鰯七石二斗、中干鰯四石八斗、きび干鰯一俵を代銀六五五匁で買い入れ、中坪二反八畝歩他九反七畝歩に七石二斗を、溝軒大町の三反九畝歩に二石七斗九合を、さらに大町一反八畝歩他五反四畝歩に一石七斗九升を入れ、合計一町九反歩に一一石六斗九升九合を投入していたのである。[8]

堀家には安永十年で下男四人、下女五人、天明四年下男六人、下女五人、文化二年下男一〇人、下女六人がおり、明和期から寛政期に雇われていた赤穂郡釜嶋村（上郡町）出身の常八は一〇年契約、同じ時期に雇われていた庄助は龍野下町日飼屋忠兵衛の弟で太蔵の借家へ引っ越して来ていた家族持ちであり、堀家の商業活動に従事していた。それ以外の男女はすべて一年契約であり、男の給銀は一人平均が一三三匁から一三六匁であったが、女の給銀は五七匁から六一匁であった。[9] この他に日雇者を雇用していた。文化二年の場合を見ると、一年間に男四四五・五人、女一〇二人を雇い、籾取り・苗取り・田植え・稲刈り・稲こき・米搗き・麦種蒔き等の農作業や他出への用事に使用していた。男の平均日当は銀一匁二分六厘であり、女は九分であった。[10]

なお、前述の常八は銀一三〇匁を「卯（明和八）春ゟ巳（安永二）夏迄相勤候給分也」と受け取った後、「一先帰り申候所、又々午年（安永三）ゟ来り、夫ゟ給銀相定申、午年ゟ一ヶ年百三拾匁宛之定」と再雇用されていた者であり、庄助と同様に主に後述の商業活動に従事していたのであった。[11]

寛政五年（一七九三）の苗取りから田植えの状況を示すと

「五月八日昼ゟ庄兵衛・常右衛門・早介・宗吉・源六〆五人してのげひき、夫ゟ暮迄苗取、尤水不自由ニ付、庄

兵衛・宗吉折々出申候
九日男七人、茂右衛門・庄兵衛・万二郎〆拾人之所、水大ニへり申候ニ付、源六井夫ニ遣、又早介昼迄遣申候而、一人半減し申候、又七ツ前より清右衛門田・小町代ろすきニ善介遣し、夫より久保・北中しろかき申候、又清右衛門田畔ぬりニ庄兵衛・常右衛門七ツたばこより遣し、半時余掛申候、猶又水不自由故、庄兵衛・宗吉折々見参候故、彼是不足致し取おくれ候ニ付、新宅田植仕廻人男二人、文六・久二郎〆四人相貸、七ツ過より来り六ツ過迄ニ取上ヶ申候、夫より久保・北中・小町・堂ノ本・清右衛門田へ屋敷苗持致し仕廻悪敷候ニ而村方惣躰早ク仕廻苗持出し申候、此方計ニ而御座候、一人ニ三反苗ニ而ハ大ク候さし来年よりハ苗取ニ人増、田植ニ減し候而可然と存候、田植十日ニ候所、九日朝水大ニ不自由ニ相見へ、庄屋・年寄共人足召連、井夫ニ被参候程之義ニ付、大町上下水入兼申候故、新宅早乙女にて植させ貰度旨庄清殿へ相談相質申候、ふりかへニ渡度相頼申候而、右之通大町上下植取申候、尤足軽一人出申候
十日ニ早乙女拾八人ニ而久保・北中・小町・清右衛門田・堂本苗代・町門田植ニ朝食藤吉所ニ而給申候、昼休八ツうちニ而より自代繁ハ此方より参候而、永ク休申候、升屋抔ハ二反も植申候より掛り申候、村並より仕廻遅ク、升屋早乙女早ク苗代同下町植貰、昼より福嶋田中頃植、かたげノ下・新宅細町廻り立小苗代植、七ツ被下申候、右升屋苗乙女合力ニ而村並ニ相仕廻申候、已来昼間永休ミハ無用ニ候、前日新宅ニハ大町上下ハうへたしニ相成申候、此方苗乙女ハ両宅より合力有之候而村並之仕廻、左候得ハ休ミ之永クと存候、已後心付専一之事ニ候、但一人前ニ一反三畝当てニ而、又嶋田行道あるきニ而ひま取可申候間、其心付致候而可然候」[12]とあり、かなり水不足に苦労しながら農作業が取り組まれていた様子が分かる。

このように年傭や日雇を駆使して手作経営を行っていたと考えられる。勿論これらの雇用労働は農業経営だけで

なく、次項に見られる商業活動にも使われていたのである。

注

(1) 前掲堀家文書「播磨国揖東郡日飼村差出明細帳」(延享四年五月)
(2) 前掲堀家文書「播磨国揖東郡日飼村宗門御改帳」(安永五年三月)
(3) 前掲堀家文書「万覚帳」(天明四年一月)
(4) 前掲堀家文書「万覚帳」(文化二年一月)
(5) 前掲堀家文書「万覚帳」(文政三年一月)
(6) 前掲堀家文書「奉書上明細帳」(寛政二年六月)
(7) 前掲堀家文書「万覚帳」(寛延三年一月)
(8) 前掲堀家文書「万覚帳」(文化二年一月)
(9) 前掲堀家文書「万覚帳」(天明四年一月)、「播磨国揖東郡日飼村宗門御改帳」(安永五年三月)
(10) 前掲堀家文書「万覚帳」(文化二年一月)
(11) 前掲堀家文書「万覚帳」(明和九年一月)
(12) 前掲堀家文書「万覚帳」(寛政五年一月)

五、堀家の商業・金融活動

(一) 米麦類の販売

年間二〇〇石前後を手にしていた米麦類はどのように扱われていたのであろうか。堀家の米麦売買状況を一覧に示したものが表5である。

延享四年（一七四七）では日飼村一一人、片山村一一人、嶋田村一一人、新町一人のほとんど農民と思われる合計三四人へ米一〇二石四斗三升二合を貸し付けている。その他は嶋田村分の米六二石五斗を「龍野御手形米」として升屋源左衛門と米屋小三郎宛に売り渡し、買い入れや質取米は一切見られない[1]。

寛延三年（一七五〇）では貸付は米四斗七升五合、麦三石六斗に過ぎないが、手形による売却米は七四石一斗五升で、その内訳は三四石分を取次人の日飼村藤三郎を通じて宍粟郡上町村と中野村（いずれも宍粟市）へ売却し、河内屋平次郎へ一〇石、鍵屋へ三〇石一斗五升の売却であった。現物米の売却は二九石二斗四升七合で、このうち一〇石は取次人の太田町平四郎が宍粟郡へ、また一〇石二斗四升七合は姫路の野田屋伝兵衛に売却され、現物麦の

表5　米売買一覧

（単位：石）

年代	貸付			現物売却		手形売却	小計	質取		現物買入		手形買入	小計
	米	麦	手形米	米	麦	米		米	麦	米	麦	米	
延享4年	102.432					62.500	164.932						
寛延3年	0.475	3.600		29.247	13.500	74.150	120.972		11.600		0.400	30.000	42.000
天明1年	91.650	0.400	40.000	33.600	45.200	55.200	266.050	370.000	9.200	1.200	10.800	87.600	478.800
天明4年	10.000	14.800	10.000	84.410		10.000	129.210			1.200	54.870	120.000	176.070
寛政5年	7.680			201.900	35.200		244.780			137.000		10.000	147.000
文化2年	121.500	14.000		182.900	26.000		344.400		1.200	2.000			3.200

注）堀家文書より作成

一三石五斗は平四郎や梁八等の取次人へ売却されている。一方米屋清次郎からは「御手形三〇石」を代銀一貫八一五匁四分四厘で買い入れていた。(2)

天明元年（一七八一）になると貸付米は九一石六斗五升と再び増加していたが、その貸付先の大口は農民ではでなく、「米五拾俵かし、追而此方勝手ニ代銀金手形ニ而も取可申候」と龍野城下での有力商人壷屋六兵衛や石橋屋治郎助各四〇石、米商人中垣内屋徳三郎一〇石等であった。(3)現物米三三石六斗の売却先は綿屋忠五郎一二石、中垣内屋徳三郎七・二石、網干屋甚五郎七石、石橋屋治郎助三・六石、松屋与右衛門八斗といずれも城下の商人であり、麦四五石二斗のうち三四石は揖保川中流域に位置する揖東郡新宮町（たつの市）商人の二人へ渡されていた。手形による売却は米五五石二斗で、売却先は同城下の綿屋忠五郎三〇石、山崎屋久次郎二〇石、袋屋久兵衛五・二石である。一方、買い入れではほとんど手形によるものであって、米八七石六斗とそれは寛延期の二倍以上となっている。主なものは「塩物屋清次郎より買申手形米」と六〇石を買い入れていた。また現物米や手形米三七〇石を質に取って貸銀を行っていたが、それは山崎屋久次郎から「御蔵米七五俵」を取り、種屋茂左衛門手形一〇〇石、綿屋忠五郎同五〇石、鍵屋善蔵同五〇石を取り、また石橋屋治郎助からは定府手形一四〇石を取っていたものであった。(4)

天明四年（一七八四）では貸付は米一〇石と麦一四石八斗であるが、日飼村庄兵衛に麦八斗を貸し付けた以外は日飼村の取次人松兵衛と庄助に渡したものである。手形での貸付米は一〇石で城下商人嶋屋松次郎であった。現物の売却米は八四石四斗一升で、大口先は城下商人円尾屋太郎吉三一石二斗、壷屋六兵衛二〇石、それに鍵屋善蔵が引き受けて「米二〇石大坂へ積登売払候」と売り払っていたことである。一方米の買い入れは手形で山崎屋久次郎から九〇石、木綿屋清三郎から三〇石を買い入れており、米の現物買入は一石二斗に過ぎなかったが、麦が五四石八斗七升もあった。このうち四〇石は取次人の松兵衛からであった。(5)

寛政五年（一七九三）では現物米二〇一石九斗を売却しており、その主な売り先は城下の商人大壷屋又左衛門一一二石、円尾屋太郎右衛門六八石、菊屋忠七三〇石、袋屋久兵衛二〇石、大屋重次郎一〇石であり、現物麦三五石二斗の主な売り先は新宮町八石、氷上郡佐治村（丹波市）七・六石、出石（宍粟郡今宿村出石河岸）三・二石と城下の大屋重次郎一〇・八石、因幡屋多七四石であった。また貸付米は七・六八石に過ぎず、中垣内屋徳三郎の七・六石がほとんどである。一方手形での米買入は一〇石でしかなかったが、現物米は一三七石あり、そのうち五七石は揖東郡の吉美河岸（姫路市）において年貢米が地払いされたものを領主への買納のために買い入れたものであった。残りは城下商人山崎屋平兵衛五〇石、袋屋久兵衛三〇石からである。[6]

文化二年（一八〇五）では現物米の貸付は一二一石五斗あり、その主な先は城下商人石橋屋熊之助六〇石五斗、円尾屋孫右衛門五〇石であった。売却米は一八二石九斗であったが、主な売却先は石橋屋治郎助一〇一石七斗、円尾屋孫右衛門五〇石、石橋屋八太郎三〇石である。また麦の貸付は一四石で、そのうち一〇石は出石河岸であり、売却麦二六石のうちの一〇石は宍粟郡川戸村（宍粟市）であって、麦の販路は揖保川中流域で変わらなかったことが分かる。一方、買い入れ額が急減していて現物米がわずか二石に過ぎなかったが、これは取引高が減少したのではなく、米麦取引のあり方が変化する前兆を示すものであった。[7]

米麦類の販売は自己の手作米や小作米の販売だけではない。とくに天明期には米一〇〇石を超える手形買い入れが行われていたことである。また手形には龍野手形、網干手形、定府手形などが遣われており、地域的米市場を通しての商いの状況が見えてくる。取引の主な相手は農民ではなく、龍野城下の米商人が中心であることがこの時期の特徴であり、そしてこの城下の商人や取次人を通じて大坂等へ送られていったと考えられる。

（二）菜種・綿等の販売

菜種を寛延三年（一七四三）に八斗八合、宝暦十年（一七六〇）二斗五升、明和九年（一七七二）二斗五升五合を取次人の日飼村藤三郎や中垣内屋徳三郎、河内屋平次郎等に売却している記録がある。これらは手作で収穫したものを売却したものであったと思われる。[8]

ところで明和三年（一七六六）には他人の絞り草（綿実・菜種など）の買請禁止令が龍野地方にも出され、手作手絞りの油は全て大坂への積み出しが命じられている。安永三年（一七七四）十月には龍野城下の綿実寄せ屋に対して灘目（神戸市灘区）の水車油稼株仲間から灘目以外へ売らないように申し入れがあった。しかし綿実寄せ屋は反対し、龍野藩も勝手売買を容認していたのである。[9]そして堀家では天明元年（一七八一）には綿実九〇五匁を綿屋忠五郎に売却している。[10]

このような中、天明二年六月に堀家の雇い人常八が「日飼村内ニ而出店仕、鯨油商売仕候ニ付、右常八儀彦左衛門方ニ召抱、則出店ニ而少々宛鯨油売仕候ニ付、右油代々替事ニ少々宛綿実を取居申候」と灘目の水車油稼人から摘発を受ける事件が起こった。同年六月摂州水車新田油屋惣四郎外五人の水車油稼人は堀家へやって来て「此度吟味ニ参申候、当所店へ年々何程宛御寄せ候哉、実者何方へ売被申候哉」と詰問した。これに対して彦左衛門は「鯨油ニ替申実ニ候得者、龍野実積合ニ而高瀬船頭へ左程売払、又者余子浜池田屋弥一兵衛方へ相頼遣し、折ニハ名田ヘモ遣候義有之由」と返答している。天明三年四月には大坂の油屋惣代が堀家を訪れ、菜種提札を渡して、大坂への積み送りを依頼する。しかし彦左衛門は「菜種之義急度買登呉と申義ニ而も無之、見合之上直段引合候ハハ勝手次第可致段掛合置申候」と要請には応じなかった。[11]このため訴訟となり大坂町奉行所では綿実取引の禁止命令を出すこととなったのである。[12]この一件が展開していた天明四年に堀家では菜種四〇石を揖西郡正条村（たつの市）から買い付け、取次人の日飼村松兵衛を通して嶋屋忠蔵に売却し、また三斗四升は塩物屋庄五郎へ売り払うと云う勝手商

表6　綿等の売買状況一覧

	綿（貫）		木綿（反）		真綿（匁）		苧（匁）
	買入	売却	買入	売却	買入	売却	買入
寛延3年	10.900	10.900					
明和9年	120.600	1.000					
天明1年		167.600		52反			
天明4年					219.000		500匁
寛政4年				6反			
寛政5年	454.100	276.700				421.000	
文化2年	598.300		2反				520匁
文政3年		7.000					

注）堀家文書より作成

いを行っていたのである。[13]なお鯨油商売については明和九年鯨油二五樽を室津村の馬場屋重次郎から銀一貫八一三匁で仕入れていたことが分かり、天明元年迄の記録が残されている。[14]

綿等の売買状況を示したものが表6である。寛延三年に揖西郡栗田村（たつの市）から一〇貫九〇〇匁を購入し、日飼村の太右衛門へ売却しているが、[15]明和九年では「綿買込ニ付庄介ニ取替覚」とあって、使用人の庄助が銀八六九匁を預かって一二〇貫六〇〇匁を買い入れている。庄助は寛政五年十月には宍粟郡山崎城下（宍粟市）へ出かけて綿二八本（およそ一本が正味一〇貫一〇〇匁）を買い付けている。

この年は四五四貫一〇〇匁を買い入れ、二七六貫七〇〇匁を売却していたが、その売却先の主なところは龍野城下の商人相生屋孫右衛門や上川原町の枝町である新町の林田屋藤右衛門等へであった。[16]文化二年は日飼村の吉兵衛から五九八貫三〇〇匁を買い入れているが、その売却先は不明である。綿以外には木綿、真綿、苧の売買も行っていたことが知られる。[17]

（三）古手

明和九年（一七七二）六月八日に日飼村の太蔵が京都に向かって

出発した。太蔵は庄助が借家していた主人であったが、堀家の使いとして「太蔵上京ニ付持参金銀覚」とあるように、京都で古手を買い入れるために出かけたのであり、この時は太蔵は銀一貫六二三匁四分七厘を持参している。[18]天明元年（一七八一）には姫路の京屋甚七から越後帷子等を買い入れ、それを佐用郡上月村（佐用町）へ売却している。[19]天明四年十一月には古手綿入袷羽織帯等二六点と小物五点を銀一八三匁で庄助へ売却しており、[20]寛政五年（一七九三）十二月には庄助に絹夜着布団と枕二つの代銀三六〇匁が渡されていて、庄助が取次役を行って転売に従事していたのである。[21]

（四）たばこ・茶の販売

寛延三年（一七五〇）にたばこは栗田村から三一一斤を買い入れており、明和九年（一七七二）では上川原町の枝町である太田町の武兵衛四〇斤、美方郡森脇村（香美町）善七三九斤、宍粟郡上牧谷村（宍粟市）十太郎六七斤から合計一四六斤を買い入れている。さらに寛政五年では牧たばこを一二一斤、菅野たばこ（宍粟市）四七斤、また宍粟郡東安積村曲里（宍粟市）から三三斤を買い入れていたのである。[22]

茶も上牧谷村や曲里から買い入れていたが、天明四年閏一月には揖東郡鵤村（太子町）の飛田屋平蔵は日飼村松兵衛の斡旋で「閏正月二十六日より十月三日迄日数二百四拾三日内、閏月四日分引出し、〆二百三拾九日分、此日歩拾九匁壱分二厘、〆二百拾九匁壱分二厘」を堀家から前借し、十月三日には鵤茶三〇本を堀家へ納めている。[23]

（五）干鰯・塩

干鰯は寛延三年六三俵、明和九年三三俵、文政三年（一八二〇）六六俵を揖東郡室津村（たつの市）や飾東郡飾磨津（姫路市）から買い求めており、明和九年の場合では山崎や宍粟郡須賀村（宍粟市）へ売却していたのである。

また塩は寛延三年に三石五斗八升五合、明和九年六石一斗、天明元年五石五斗一升、寛政五年四石八斗八升五合を揖東郡吉備村・同郡平松村（いずれも姫路市）、印南郡魚崎村（高砂市）の地域から買い入れており、その一部は中垣内屋徳三郎等へ販売されていた[24]。

このように様々な商業活動を展開していたが、寛政六年（一七九四）には「店おろし」と云う棚卸し帳が残されている。堀家が「店」として商業活動を行っていた帳簿の一部である。それを見てみると、一か年間の売り上げ高は銀一一貫四九五匁八分二厘であったことが分かる。しかし実際の入銀高は五貫五四九匁九分であり、五貫九四五匁九分二厘が不足であった。しかし在庫品のたばこ、釘、晒蠟など六九品目が銀高に直して一貫三二八匁八分五厘あった。また質物分の三貫一九九匁三分八厘と実綿買い込み分七五〇匁一分五厘等一〇口分を合わせて五貫三四五匁一分一厘あり、したがって有銀高は一貫三二八匁八分五厘と五貫三四五匁一分一厘を合計した六貫六七三匁九分六厘であったことになるから、入銀不足分の五貫九四五匁九分二厘を差し引くと、この年の営業収益は七二八匁八分五厘の黒字となっていたのである[25]。

（六）金融

延享四年（一七四七）から文政三年（一八二〇）までの貸銀と穀物や田地等を担保に貸し出したものとを地域別に示したものが表7である。延享四年は貸銀A（証文を入れての一般的な貸借）が一六貫八七九匁五分五厘六毛あるが、その貸出先の五一％は嶋田村二一人であり、日飼村二〇人で二一％、片山村二一人で一三・六％と、ほとんど三か村の農民に集中していた。寛延三年（一七五〇）に貸銀Bで龍野城下の商人への貸出が増えるが、寛延・明和期は日飼村、嶋田村を中心とした農民への貸出に重点が置かれていた。ところが天明四年（一七八四）以降は貸銀Bは圧倒的に城下商人に集中し、貸銀Aも寛延・明和期に比して飛躍的に増加している。また貸銀Aは寛政五年（一七九三）以降に地域的な広がりを持ち、文政三年（一八二〇）では貸銀額が激増する中で、城下商人の比重が

表7　地域別貸銀状況一覧

（単位：匁）

村名	延享4年		寛延3年		明和9年		天明4年		寛政5年		文化2年		文政3年	
	貸銀額A	貸銀額B	貸銀額A	貸銀額B	貸銀額A	貸銀額B	貸銀額A	貸銀額B	貸銀額A	貸銀額B	貸銀額A	貸銀額B	貸銀額A	貸銀額B
龍野城下	389.230		8.000	4804.080	618.760	945.550	17369.710	22291.900	20008.650	22349.100	21794.730	18585.400	33830.800	2296.600
平福村													64223.3000	
日飼村	3619.770		1017.850	2270.450	60.000	1676.670	429.600	2992.180	4508.850	752.550	7953.750		3030.030	59.370
嶋田村	8643.300	477.050	253.340	3.8920		239.200	796.720	36.000	1433.680		1867.300		1604.800	
曲							11200.000		1927.000					
山田村										8021.450		409.050	1649.500	
東安積村									5136.200	7.400	621.850			
室津村					6.000				3003.400					
下野田村	440.000				27.640						200.000		2266.550	
新在家村									2488.200	230.000	7.600			
片山村	2300.570	9.460	100.000											
馬立村											1500.000		500.000	
出石												475.000	1500.000	
北龍野村	240.386								681.500	538.500	100.000			
山崎							1364.000							
四ヶ町村											150.000		1000.000	
中村			27.400					45.000					450.000	
下横内村										800.000				
相生村									151.260		128.450		320.000	
香山村	267.630						260.000							
西安積村									500.000					
太田村					446.200		50.000							
広山村	313.200													
宮田新宮村	262.780		44.000											
中井村	265.600													

半田村						200.000								
下船留村											160.000			
姫路			115.000										48.800	
大住寺村	129.290													
大坂													122.000	
新屋村													53.000	44.720
宿村					87.375									
山下村			40.000						30.000					
六九谷村									20.000					
栗田村			13.200											
上仲村	7.800													
林田村									4.000					
その他			21.800								270.500		335.300	
計	16879.556	486.510	1640.590	7113.450	1245.975	2861.420	31670.030	25770.080	47914.190	24677.550	35163.230	19060.400	110933.780	2400.690

注）貸銀Aは一般的な貸銀、貸銀Bは田地や穀物を担保に取るもの

低下しており、堀家の商業・金融活動で新しい変化の前兆を示すものであった。天明四年以降の龍野城下商人への融資状況を示したものが表8である。天明・寛政期には米商人以外に木綿屋や醤油屋にも貸出を行っており、また文化二年（一八〇五）の円尾屋孫右衛門の場合は、

「当十一月二十六日迄ニ大坂ニ而為替返済極メ、証文入、十一月二十四日渡ス

一、銀九貫目

一、判金拾五両壱分二朱　代銀九九七匁七厘

一、赤札二匁九分三厘

表 8　龍野城下商人への主な融資状況

（単位：匁）

融資先商人名	職業	天明 4 年		寛政 5 年		文化 2 年		文政 3 年		備考
		貸銀額 A	貸銀額 B	貸銀額 A	貸銀額 B	貸銀額 A	貸銀額 B	貸銀額 A	貸銀額 B	
出屋敷屋佐四郎	木綿屋・醬油屋	5000.000								外 2 名
嶋屋久右衛門		5000.000								外 1 名
嶋屋松次郎		3000.000								外 1 名
塩物屋清次郎	木綿屋	2000.000								
石橋屋五郎兵衛	木綿屋	2000.000								外 1 名
綿屋忠五郎			5000.000							
杉村清六			5000.000							
山崎屋久次郎			5000.000							
木綿屋清三郎			2280.000							
鍵屋善蔵			2000.000		15000.000					
半田屋庄七			1500.000							
壷屋六兵衛			1000.000							
山崎屋平兵衛	木綿屋			2758.590	3000.000					
円尾屋太郎右衛門				1691.760						
那波屋				10001.100						
鉄屋佐十郎	醬油屋			1000.000						
菊屋忠七				4000.000						外 1 名
円尾屋孫右衛門						13568.000	13000.000			外 1 名
山下屋伝七						2450.000				外 1 名
堂本屋平蔵						3323.400				
半田屋源蔵							5157.000	26710.500		
赤穂屋宗兵衛	醬油屋							5000.000	2275.000	
小計		17000.000	21780.000	19451.450	18000.000	19341.400	18157.000	31710.500	2275.000	

注）堀家文書で作成

〆拾貫目かし此日歩四拾六匁五分　十一月二十五日迄日数三十壱日[26]」と大坂での為替返済の約束で、一〇貫目を貸していたのである。

日飼村も寛政・文化期に再び貸出が増加しているが、寛政五年は農民一人平均の貸出額は二六五匁余で、延享〜天明期までの零細な貸付額をはるかに上回るものであり、とくに文化二年の場合は一人平均が一貫五九〇匁余となっていて、特定の有力農民への融資となっていたことであった。龍野城下や日飼村以外の他地域へ貸し付けていた主なものを見ると、天明四年では東安積村曲里の酒屋市郎兵衛と竹田屋忠兵衛が田地質入れで一〇貫目を借用し、また同村の清右衛門が一貫二〇〇匁を借用して、その返済の一部には糸と真綿を当てることにしていた。寛政五年では堀家と干鰯取引をしていた室津村の川崎屋清左衛門と清七へ三貫匁を貸している。文政三年では日飼村の庄屋であった伊三郎が一貫一二一匁余を、また揖東郡下野田村（たつの市）庄屋の弥五郎が一貫六匁余を借用しているが、これらは年貢上納に関わって庄屋としての借り入れであった。佐用郡平福村（佐用町）の柳屋伊兵衛外六名が年九朱（九％）の利息で六四貫二二三匁を借用していることは、その理由が判明しないのであるが、おそらく領主からの年貢の上納に関わるものであろう。文政期以降はこのような貸借が増加していく傾向にある。[27]

近世には銀行がなかったことから、貸付だけでなく、頼母子講が金融には大切な役割を果たしていたが、堀家もその頼母子講に関わっている。寛延元年（一七四八）十一月には嶋田村四郎右衛門が主催する頼母子講に入会し、七人分の銀四二〇匁を払っている。[28]また明和九年（一七七二）には日飼村の農民二一人が中心となってつくった薬師講に加入し、彦左衛門も一口銀六二匁一分五厘を払っており、この時は六石所持の九左衛門が五四三匁一分九厘、八石所持の加右衛門が一八一匁六厘、一四石所持の勘三郎が三六二匁一分二厘をそれぞれ年貢上納の時に現銀を受け取っていた。[29]同年十二月二十七日には揖東郡段之上村（たつの市）の頼母子講に彦左衛門が銀一五〇匁、親戚の元恭と高駄村（たつの市）の平七が各一〇〇匁を出銀して加入している。[30] さらに天明元年（一七八一）十二月には揖東郡日山村（たつの市）の頼母子講にも一人前掛銀一五八匁を払って加入していた。[31] 寛政五年（一七九三）十二月には宍粟郡須賀村の頼母子講へ佐用郡上月村五左衛門（銀五〇〇匁）、揖西郡新在家村永富六郎兵衛（銀一貫匁）と一緒に加入し、掛銀二貫五〇〇匁を出していたのである。[32]

注

（1）前掲堀家文書「万日記」（延享四年一月）
（2）前掲堀家文書「万覚帳」（寛延三年一月）
（3）壷屋六兵衛は前掲「龍野文庫」「万覚帳」に貞享元年以来登場する有力商人であり、中垣内屋徳三郎は「覚」（酉十月二日）に米問屋として俵屋正九郎、中垣内屋久兵衛・山下屋宗兵衛とある、この中垣内屋の関係者と思われる。
（4）前掲堀家文書「万覚帳」（天明元年一月）
（5）前掲堀家文書「万覚帳」（天明四年一月）
（6）前掲堀家文書「万覚帳」（寛政五年一月）
（7）前掲堀家文書「万覚帳」（文化二年一月）
（8）前掲堀家文書「万覚帳」（寛延三年一月）、「万覚帳」（宝暦十年一月）、「万覚帳」（明和九年一月）
（9）前掲『龍野市史』第二巻、二七九頁
（10）前掲堀家文書「万覚帳」（天明元年一月）
（11）前掲堀家文書「乍恐以書付御断奉申上候」（天明四年二月）
（12）前掲『龍野市史』第二巻、二八三頁
（13）前掲堀家文書「万覚帳」（天明四年一月）
（14）前掲堀家文書「万覚帳」（明和九年一月）

(15) 前掲堀家文書「万覚帳」(寛延三年一月)
(16) 前掲堀家文書「万覚帳」(寛政五年一月)
(17) 前掲堀家文書「万覚帳」(文化二年一月)
(18) 前掲堀家文書「万覚帳」(明和九年一月)
(19) 前掲堀家文書「万覚帳」(天明元年一月)
(20) 前掲堀家文書「万覚帳」(天明四年一月)
(21) 前掲堀家文書「万覚帳」(寛政五年一月)
(22) 前掲堀家文書「万覚帳」(寛延三年一月)
(23) 前掲堀家文書「万覚帳」(天明四年一月)
(24) 前掲堀家文書「万覚帳」(明和九年一月)
(25) 前掲堀家文書「店おろし」(寛政六年一月五日)
(26) 前掲堀家文書「万覚帳」(文化二年一月)
(27) 前掲堀家文書「万覚帳」(寛延元年一月)
(28) 前掲堀家文書「万覚帳」(宝暦八年一月)
(29) 前掲堀家文書「万覚帳」(明和九年一月)
(30) 前掲堀家文書「万覚帳」(明和九年一月)
(31) 前掲堀家文書「万覚帳」(安永十年一月)
(32) 前掲堀家文書「万覚帳」(寛政五年一月)

六、おわりに

龍野藩領から一橋徳川家領へ替わった直後の延享四年（一七四七）七月に日飼村の庄屋であった堀 彦左衛門延祐は揖東郡の一橋徳川家領六か村の庄屋・年寄と連名で「大庄屋無之様ニ奉願上候、大庄屋役御座候而者、不勝手ニ御座候、御慈悲之上百姓御救と思召」とそれまで龍野藩領で採用されてきた大庄屋制の廃止を出願している。[1]この願いは取り入れられたようで、一橋徳川家領には大庄屋制が見られない。龍野藩は在方村々に庄屋を置き、その村々をいくつかの組に編成し、組に郷目付、のちには大庄屋を置いて管轄したと云われているが、[2]この大庄屋がなくなることは庄屋の役割を高めるものであり、事実、一八世紀後半以降の堀家は一橋徳川家領六か村をまとめる大庄屋格の存在となっており、村落における指導者の地位を強化するものであった。

明和九年（一七七二）四月に彦左衛門延祐が領主一橋徳川家領の細工所役所に宛てた「口上書」によると、「私居宅普請仕候義者、二十九年已前子年（延享元）親より相企指図仕、材木少々集置候所、明ル丑正月ニ病死仕、私儀若年ニ而其上時節柄悪敷、普請難成、然共親遺言難整奉存、年々少々宛材木取集申、六年已前亥年（明和四）漸家普請仕候」とあって、今日現存している堀家母屋の住まいは彦左衛門延元の遺言により、明和四年（一七六七）に建築されたものであることが知られる。この遺言は彦左衛門延元が亡くなる一年前の延享元年（一七四四）に残されたものであった。建築に取りかかるまでに二九年を要したのは「借り銀も余程仕候得共、倅成長を便ニ仕、追々返済可仕と家業等出情仕居申候所、去々年去年両年之旱損ニ而、又々借銀相増迷惑仕居申候、則林田御領分沢田村長兵衛方ニ而銀子一貫目北村、一貫目中村、三貫目日飼村都合六貫目証文を以借用仕候」と連年の凶作と多額の借銀で経営に苦心していた状況によるものであった。[3] たしかに前掲表7で見てきたように、貸銀状況において明和期が貸銀額が落ち込んでいるのは、このような事態が反映していたものであろう。しかし「龍野御城下前ニ而御領知之私万端面目と存申、殊ニ御役所様より者遠方之儀不依何事ニ御役人様御越被為遊候節者、御用ニ相立申度」と堀家が一橋徳川家領の揖東郡における支配拠点の地位を占めるようになってきたことが、「正面である南側の東西の方向九七メートル、西側の南北方向五七メートル、東面が八一メートル」と広大な敷地を持った屋敷を建築させたものであったと考えられる。[4]

寛保三年（一七四三）に御用銀三四五匁を龍野藩へ上納することで領主への献金は彦左衛門延元の時から始まっている。彦左衛門延祐の代には明和九年（一七七二）に銀三貫一〇〇匁を七月と十二月の二度に分けて上納していた。けれども安永三年（一七七四）には「近年無拠損失仕、下地少々宛之取替置候銀子等も不残取立、只今ニ而者新ニ取替等ハ一切得不仕、其上去ル辰年嶋田村ニ而田畑四反歩川欠土砂入ニ相成、両年者作方も相成不申、猶又土砂取捨申ニ付、夥敷人夫相雇、其上同村御普請所之内田地囲ニ堤江足人足差出シ、彼是入用余程之義ニ而迷惑至極仕候間、御慈悲之上、御減之義奉願上候」と御用銀減額を歎願している。[5]

そして親戚である日飼村の元恭が一貫五〇〇匁（延祐の兄で分家したと伝えられる）と彦左衛門延祐が一貫八〇〇匁と両人で三貫三〇〇匁を上納したのであった。[6]

また彦左衛門延政の代には文化十四年（一八一七）に冥加金三〇〇両の永上納と無利息で御用金二〇〇両を上納していた。[7]

米麦等の穀物類の販売は龍野城下の地域的市場を利用して、彦左衛門延元の時代に始められていたと判断されるが、たばこや綿あるいは茶の販売は彦左衛門延祐の時期からであり、京都から仕入れる古手商い等の多彩な商業活動を行う在郷商人の性格を強めていたと思われる。さらに天明期以降は米麦売買、その他の商業活動、そして金融も従来とは異なった新しい動きを見せているが、これは彦左衛門延政が中心になってからである。

彦左衛門延政は天保元年（一八三〇）に世を去っているが、天保三年には堀家は備前国御津・赤磐両郡にあった岡山藩家老池田氏、日置氏、伊木氏あるいは家臣の給地二〇か村へ一二二貫五〇〇匁を貸銀している。これだけで前掲表7で見てきた文政三年（一八二〇）の貸銀総額を上回るものであり、さらに天保四年の貸銀総額では三二二貫八九四匁と飛躍的に増大していたのである。(8)

米穀売買も金融も日飼村の周辺農村を対象に始まり、やがて龍野城下商人を相手とするようになっていったが、天保期以降は遠隔地の商人や農民へ重点が移っていく。

前掲『庄屋の生活』にはハレの日々に使用したと思われる豪華な衣類あるいは様々な調度品類の写真が掲載されており、豪農の優雅であった生活の一部を垣間見ることが出来る。このような豪農生活の基礎を築いたのが、延元・延祐・延政の彦左衛門三代にわたる米穀類売買を中心とした経済活動にあったと考えられるのである。

注

（1）前掲堀家文書「乍恐奉願上候」（延享四年七月）
（2）前掲『龍野市史』第二巻、二二九頁
（3）前掲堀家文書「乍恐奉差上候口上書」（明和九年四月七日）
（4）多淵敏樹「堀家住宅について」（前掲『庄屋の生活』所収）
（5）前掲堀家文書「乍恐奉願上口上書」（安永三年五月十二日）
（6）前掲堀家文書「日簿」（天明三年一月）

（7）前掲拙稿「播磨国における一橋徳川家領の地方支配」六〇頁
（8）前掲堀家文書「日簿」（天保四年一月）

堀　謙治郎家の企業活動

一、はじめに

一九七〇年代に巨大地主の研究は飛躍的に発展した。それは中村政則氏が「日本資本主義の一環として、地主の企業投資を位置づけるような方法をつくらなければダメだ」と主張され[1]、大地主の株式・公債投資の動向や地主資金の運用形態を問題とした一連の研究を生み出してきたことによる[2]。

本章ではこれら先学の業績に依拠しながら、兵庫県有数の大地主であった堀家の幕末維新期以降の経済活動を取り上げ、米穀販売と貸金などで得られた資金がどのように近代産業へ投資されていったものであったのかを明らかにし、巨大地主と資本主義の関係を追究しようとするものである。

注

（1）シンポジウム日本歴史一七『地主制』学生社、一九七四、一八一頁

（2）『日本地主制の構成と段階』東京大学出版会、一九七二。『日本産業革命の研究』下巻　東京大学出版会、一九七五。中村政則『近代日本地主制研究』東京大学出版会、一九七九

二、幕末維新期の経済活動

堀　謙治郎家は兵庫県たつの市龍野町日飼にあり、近世前期からの系譜を持つ家柄であり、近世中期以降は揖保川流域を代表する豪農であった[1]。

天保期以降は米穀販売と貸金業が飛躍的に発展するが、新しい動きは山崎藩への貸金とそれによる年貢米の確保であった。山崎藩では文政十一年（一八二八）までにすでに銀一〇〇貫目を堀家から借用していたが、天保二年（一八三一）にさらに七か年賦の返済約束で金七〇〇両を借用し、天保六年での借用残高は銀六五貫、金六〇〇両であった。天保八年には銀九一貫目を三〇か年賦で借用し、その代償に揖保川を川下げする年貢米を毎年五〇石ずつ堀家へ渡す約束をしており、同年十二月には

「一、蔵米百石　　酉十月二十九日川下之分
　　内五拾石　年賦口江差略米相渡ス
　　　五拾石　二拾五貫目口之差略之内江
　　　　　　　相渡置
一、同百石　　酉十一月二十三日質銀九貫八百目引当ニ
　　　　　　　相渡置
一、同二百石　　酉十二月十五日質銀拾六貫目引当ニ
　　　　　　　相渡置

合四百石、惣川下ケ石数右之通御座候」と山崎藩勝手方元締の倉橋弥一右衛門らが堀　馬之助へ「覚書」を出し、

表１　幕末維新期の出入金状況

		天保５年			嘉永５年			慶應２年			明治４年		
		両	分	朱	両	分	朱	両	分	朱	両	分	朱
出　　金		9331	0	1	8605	1	0	19490	1	1	16244	2	0
主な内容	揖西郡	5653	2	0									
	飾東郡				2400	0	0	7149	3	3	7078	0	3
	赤穂郡				2248	1	0						
	印南郡				1890	2	2						
	揖東郡							6082	1	1	4952	2	0
賄い方		不明			428	0	0	1298	0	0	1819	0	0
合		9331	0	1	9033	1	0	20788	1	1	18063	2	0

		天保５年			嘉永５年			慶應２年			明治４年		
		両	分	朱	両	分	朱	両	分	朱	両	分	朱
入　　金		7083	3	3	9111	2	2	16555	2	1	13598	0	2
主な内容	揖西郡	2678	2	3	3113	1	0	4023	2	1	2615	0	0
	飾東郡				2398	0	0	2957	0	3	7216	0	0
	赤穂郡				2267	2	0						
	揖東郡	1482	3	1									
	加古郡							4126	2	0			
穀類売却		149	0	0	348	0	0	1307	0	0	1315	0	0
合		7232	3	3	9459	2	2	17862	2	1	14913	0	2

注）掘家文書「万葉集」より作成、金・銀併記を金に換算してある。

蔵米四〇〇石を渡していたのである。[2]

文久三年（一八六三）には従来の借銀二八五貫余を永納にさせ、その給付に一〇人扶持（米四〇俵）を与えていたのである。[3]

「万覚帳」から天保五年、嘉永五年（一八五二）、慶應二年、明治四年の四つの時期の出入金を示したものが表1である。

出金では天保五年に全体の六〇%が米穀取引を行っていた龍野町商人へのものであったが、嘉永五年で富屋庄右衛門、太物屋佐一郎など姫路町商人が登場し、慶應二年（一八六六）で三七％、明治四年（一八七一）では四四％と比重を増している。

一方、入金では天保五年、嘉永五年は龍野町商人からの入金が多い。しかし慶應二年以降は揖西郡でも龍野町商人が姿を消し、河内市場村や余部村の者からが多く、また慶應二年には加古郡からの入金が多いが、これは高砂町の柳屋宗兵衛、木綿屋善太郎などへ「去寅十月御連印証文元金千両、当月迄元利之内へ慥ニ請取申候」や二見村勘三郎他二人へ「去ル子十二月御連印証文残元銀弐拾貫目、去寅十二月より当卯霜月迄元利之慥請取申候」と貸金していたことによるものであった(4)。

また文久三年には尊攘派に暗殺された姫路町の豪商紅粉屋又左衛門から二、四七〇両の入金があった。この紅粉屋又左衛門家とはその後も取引が続き、明治二年には「去辰十二月御連印証文面之元金二千両分、当五月迄利足金慥請取申候」と利息一五六両を受け取っている(5)。

ところで米穀売買での中心的位置を占めた小作米の収納高と米の売却高の関係はどのようだったのであろうか。小作米は弘化二年（一八四五）二一六石、嘉永七年二〇六石、慶應二年二三一石であった。それに対して米売却高は天保十三年二五五石、嘉永五年二一九石、慶應二年二八四石であって、いずれも米の売却高が上回っている。これは上述の山崎藩の蔵米や買入米があったことによるからである。文久三年の場合では入金のあった売却高が三四七石であり、翌年度へ繰り越された売却高は一九四石もあった(6)。そして慶應二年の売却額は一、三〇七両である。

それでは貸金による収入はどの位のものだったのであろうか。文久四年の元利金受取額は一、三七一両、慶應二年のそれは一、五三〇両であった(7)。その他に文久三年では「古弐朱金千両引替ニ亥正月二十四日夕から立ち、網干船明朝出帆」と正月から四月まで四回にわたって使用人三人を大坂の三ツ井と近江屋休兵衛に派遣して古金取引を行っている。三ツ井へは三、五四五両を渡し、刎金が四三両一分一朱あったけれども、二分金で二六一両一分一朱の利益があり、近江屋へは五〇〇両を渡し、刎金一一両一分を除いて、三六両二分二朱の利益を得ていたのである。(8)

さて、出金の中には領主への献金も含まれている。「去亥年中私より上納罷在候御用金四千両」とあるように、領主一橋家への多額の御用金調達に応じていた。(9) しかし慶應四年（一八六八）一月の鳥羽伏見の戦いで始まった戊辰戦争で一橋家の畿内以西の領地は他大名に軍事占領され、五月二十三日に兵庫県が設置されると、六月十一日には早速に差紙が到来して兵庫へ呼び出され、御用金を命じられた。兵庫上納金は総額一、八〇〇両であり、「金札七百両は正金ニ引替」を命じられたことで二七〇両の損金となってしまった。(10)

領主一橋家は明治二年（一八六九）十二月に領地を収公されてしまったことから「此度一橋殿江身元之者より晒五百反献上、尚御役所引払ニ付、御役人方へ餞百八拾両都合之内へ、此方より百両出し」と餞別金を支出し、(11) 明治四年には「此度郡県ニ相成、九月中東京へ御引払ニ相成」と廃藩置県で龍野藩主脇坂氏が東京へ転居するにあたって餞別金五〇〇両を龍野会計局に上納している。(12)

日常の小払い、燃料代、肥料代、使用人の給金、年貢負担など家計の支出は嘉永五年四二八両、慶應二年一、二九八両、明治四年一、八一九両であったが、米穀類売却との収支では嘉永五年と明治四年は入用不足となっていて、表方の会計から支弁していた。明治四年は家計支出一、八一九両に対して、米穀類の収入が一、三一五両で、多額の入用不足であり、このため「外ニ五百両龍野局、此分表弁」と処理していた。貸金収入があるから家計全体としては赤字ではなかったけれども、資本蓄積のためには政治支配の安定が急務となっていたのである。(13)

注

（1）拙稿「揖保川流域における豪農経営の成立」千葉経済大学短期大学部研究紀要第二号、二〇〇六年
（2）『山崎町史』一九七四年、七八五～七八七頁
（3）前掲堀家文書「覚」（天保八年十二月）
（4）前掲堀家文書「万覚帳」（文久三年一月）
（5）前掲堀家文書「諸請取書控帳」（慶應三年一月）
（6）前掲堀家文書「万覚帳」（明治四年一月）
（7）・（9）前掲堀家文書「万覚帳」（文久三年一月）
（8）前掲堀家文書「諸請取書控帳」（文久四年一月）
（10）前掲堀家文書「乍恐奉願上候」（慶應二年五月）
（11）拙稿「播磨国における一橋徳川家の地方支配」
商経論集第三六号、二〇〇三年、六〇頁
拙稿「備中領における一橋徳川家の殖産政策」
千葉経済大学共同研究報告書、二〇〇三年四一～四三頁
（12）・（13）前掲堀家文書「万覚帳」（明治四年一月）

三、製塩業への投資

武庫郡魚崎村の魚崎酒場へ堀家は明治六年（一八七三）一、〇〇〇円、明治七年一、七五〇円と下作米四〇石（一七二円分）、そしてその利息分五一四円一四銭の合計三、五三六円一四銭を貸し付け、明治八年に元金一、六一〇円分と利息九〇円七二銭五厘を合わせた一、七〇〇円七二銭五厘を受け取っている。残額がまだ一、八三五円三六銭五厘もあったが、同年十二月にはさらに五〇〇円と下作米五〇石を貸し付けている。[1]

魚崎村は近世中期以降に酒醸造が活発となり、灘五郷の一つであった上灘東組に属し、幕末の元治元年（一八六四）には酒造家が四〇軒あった。この酒造地帯に貸金と酒造米を提供していたのであり、それは明治十三年（一八八〇）まで続けられていた。後述する明治二十九年（一八九六）の灘酒造株式会社の設立にはこのような関係があったのである。(2)

近世の播磨国では約三五〇町歩の塩田が加古川から揖保川間の海岸に築造され、生産された塩は〃灘塩〃として江戸・大坂で名声を博していた。

灘塩田は明治四年に三五四町歩あったが、明治十年（一八七七）には四四三町歩に増加し、主な塩田は印南郡大塩村一四三町歩、宇佐崎村九三町歩、白浜村八三町歩、揖東郡新在家村二三町歩であった。(3)

この灘塩田に堀家が投資を始めるのは嘉永五年（一八五二）からで、印南郡大塩村で塩会所を設立し、製塩業の中心者であった山本弥惣太夫に九三八両、また同村の七人へ九〇〇両を貸し付けている。(4)さらに飾東郡松原村は大塩村とともに播磨塩田の一部であるが、慶應二年に同村惣八へ七七九両、明治四年に惣八、長太郎、伝四郎の三人へ八八〇両を貸し付け、同年には彼等から一、五〇〇円の返金を受けていた。(5)

塩の生産費が塩売払代金に占める割合は非常に高く、揖東郡新在家浜では平均で八三・四％であり、製塩業者には多額の資金が必要であった。(6)このため印南郡・飾東郡・揖東郡・赤穂郡の塩業経営者たちは明治十年に「毎戸金百円宛御貸下被下度」と資金貸し下げ願いを当局へ陳情している。(7)明治十二、十四年は塩価高騰で好況に恵まれていたが、明治十五年の颪水害に加え、松方デフレ政策による塩田不況は明治二十年まで続いたのである。そこで明治十七年には「十州塩田同業会」を設立し、明治十九年には塩田所有者の強制加入と休浜の三・八（三月から八月まで営業）法の強制を内容とした規約を制定した対応策をとっている。大塩村では明治十八年（一八八五）に塩会所を共同製塩会社と改め、その後大塩製塩合資会社と梶原製塩合名会社の二つに分かれて存在していた。[8]

明治十七、十八年の塩価大暴落は赤穂塩田に約一〇〇人いた自作塩業者のうち、半数が没落したと云われている。その一方で奥藤研造、高川定十郎、小川伝治郎など廻船経営で資本を蓄積した新興勢力が、これらの塩田を集積していった。この時期から堀家では赤穂郡の塩田関係者へ多額の投資を開始していったのである。[9]

明治十八年（一八八五）には新浜村田淵新六郎一〇、〇〇〇円、坂越村高川定十郎三、五〇〇円、尾崎村山本永太郎外へ三、五〇〇円、加里屋町三木弥次郎二、〇〇〇円、尾崎村小川伝治郎二、〇〇〇円、新浜村田淵小次郎四〇〇円と、彼等へはいずれも塩田を担保に貸金していたのである。貸金先は大きな塩田地主であり、その資金の回収はさほど滞ることはなく、表2の示す如く、赤穂地域では貸金に対して、全て入金が上回っていることがそれを示していた。

明治三十三年（一九〇〇）の大日本塩業協会第四次総会で農商務大臣が「外国塩の輸入が国内塩業に影響を及ぼしつつある」と述べ、また水産局長も「生産費の低下と品質改良により、外国塩と拮抗をはかり、需要増加のためには工業の発達をはかり、供給過剰を防止するためには、生産性の高い地域のみを残す塩田整理策をも含めて検討すべきである」と述べていたように、国内製塩は大きな転機を迎えていた。[10]このような情勢が反映したものであろう、堀家では明治三十五年に二、八〇〇円で塩田を買い入れているが、塩田経営の記録は不明であり、明治三十八年六月の塩専売法が施行される以前には赤穂郡の塩田とは関係がなくなっていたのである。[11]

注

（1）前掲堀家文書「万覚帳」（明治六年一月）

表2　揖東・印南・飾東・赤穂4郡塩田業者への出入金

（単位：円）

年代		新在家村	大塩村	白浜村	加里屋町	尾崎村	新浜村	坂越村	赤穂町	塩屋村
明治20年	出					200.00				
	入			318.90	2264.00	3136.28	1392.90	1088.70		
明治21年	出	1200.00		140.00	1500.00	2600.00	1000.00			
	入			140.00	241.50	497.00	1635.30	126.00		
明治22年	出			235.00	1000.00	2802.00		2000.00		
	入	107.60		240.26	792.00	690.68	2793.40	1207.40		
明治23年	出					800.00	4000.00	700.00		
	入	578.30			987.00	1475.57	5714.80	2341.00		
明治24年	出		2000.00	600.00	2000.00					
	入	863.40	2160.00		2323.00	4837.27	3169.60	180.30		
明治25年	出	550.00	3000.00			2700.00	5250.00	2500.00		
	入	3.00		359.40		5322.01	3922.70	190.80		
明治26年	出	1900.00	300.00	3130.00			500.00	500.00		
	入		192.00	258.75	270.00	835.96	8673.27	1292.50		
明治27年	出	600.00	2500.00	3000.00		1500.00	4500.00	3500.00	5000.00	3500.00
	入	332.40	2724.00	2823.50	295.50	1209.00	3457.15	4052.00	2176.00	
明治28年	出			772.00						
	入		3010.00	2295.46	3318.75	397.45	5112.73	424.50	1925.00	3002.80

明治29年	出			480.00						
	入	3927.27		288.00		1756.96	2277.20	5843.50	2102.00	1656.75
明治30年	出									
	入			3984.00						
明治31年	出									
	入					2032.50				
明治32年	出									
	入							9990.00		
合計	出	4250.00	8902.00	8357.00	4500.00	10602.00	15250.00	9200.00	5000.00	3500.00
	入	5811.97	8086.00	10712.27	10492.55	22190.66	38149.05	26736.70	6230.00	4659.55

注）堀家文書より作成

（2）『角川日本地名大辞典』二八 兵庫県、角川書店、一九八八年、二三二頁
（3）『姫路市史』第五巻上、二〇〇〇年、三〇六頁
（4）前掲堀家文書「万覚帳」（嘉永五年一月）
（5）前掲堀家文書「万覚帳」（明治四年一月）
（6）前掲『姫路市史』三一一頁
（7）『姫路市史』第一二巻、一九八九年、三五四頁
（8）『赤穂塩業史料集』第五巻、六四三頁
（9）前掲堀家文書「貸金諸事附込計算簿」（明治二十～三十二年）
（10）前掲『姫路市史』第五巻上
（11）前掲堀家文書「貸金諸事附込計算簿」（明治三十五年）

四、産業革命期の株式投資

松方デフレ期を経て産業革命期に入り、堀家の所有地はどのように拡大していたのであろうか。明治二十二年(一八八九)は一一か村四三町三畝一四歩であり、同二十四年には一六か村に五五町六反八畝一一歩と、わずか二年間に一二町六反四畝二六歩も拡大していたのであった。[1]堀家の土地買入の動きは明治十八年二、七〇九円の投資以降顕著に現れ、同二十七年迄に総額二万七、九九四円六八銭を投じていたのである。[2]この拡大した土地からの小作米の収納数は明治二十二年が七三二石五斗六升七合五夕であり、明治二十五年には八八六石二斗九升四合六夕となっていたのである。[3]

表3を見ると、土地買入の動きはその後も止まらず、日露戦争前では明治三十年、同三十一年、同三十五年、同三十六年の時期に集中しており、明治三十年は神戸の地所に五、四〇〇円、印南郡魚崎村の田畑買入に一、七八〇円を投じ、同三十五年赤穂郡与井村田地に五、五六二円余、塩田に二、八〇〇円を投じ、同三十六年では餝東郡下中島村の大森新田で六町三反七畝四歩を五、四三〇円で買い入れていた。[4]一方、明治三十三年と同三十四年に多額の土地売却代を得ているが、前者は揖東郡上笹村、四ヶ町村、赤穂郡西野山村の土地を売却したものであり、後者は同三十年に買い入れた神戸の地所を七、三一八円一五銭で売却し、二、〇一八円余の利益をあげたものである。[5]

公債は一般に大地主の主要な投資先の一つと云われている。堀家が最初に買い入れるのは明治十七年で、七分利金禄公債を三、六〇五円で、また翌十八年には龍野町士族小西 慎から額面五〇〇円の七分利金禄公債を四七〇円で買い入れたことであった。[6]しかしその後に大口の公債買い入れがあるのは日清戦争期の六、八四五円と日露戦争

表３　出入金と株式・公債等の関係

（単位：円）

年代	出金合計	主な内訳			入金合計	主な内訳					
		株式投資	公債買入	土地買入		利子配当	内・銀行分	公債収入	土地売却	米代	借入金
明治27年	57569.13	762.25	2200.00	7643.00	68898.75			757.50	22.52	9765.28	
明治28年	72230.70	375.00	4645.00		79263.95	1126.72	954.47	261.88	574.96	9142.16	21820.00
明治29年	52274.55	9481.13		747.80	55908.40	3739.39	3634.39	497.50		10160.48	8834.13
明治30年	73632.70	9778.00	47.00	10334.32	72014.32	4580.35	4063.25	6097.75	7.67	13254.80	18400.00
明治31年	31666.57	5585.12		2340.00	33392.35	6161.94	4882.73		1273.18	4246.60	2587.50
明治32年	34658.75	4832.00		314.00	34819.99	2308.57	895.86		16.50	10275.12	1550.00
明治33年	19291.70	8226.78		365.00	46393.71	4710.72	4234.20		2556.13	14753.70	5700.00
明治34年	37792.32	7086.43	88.00		38109.33	6715.93	5602.42	2.45	7318.15	9129.30	400.00
明治35年	37382.55	2999.00		9237.68	38874.11	6185.32	4897.82	2.50	1491.54	14631.80	6700.00
明治36年	39239.28	6187.50		8343.10	39439.65	8377.30	6650.37		391.61	13235.90	100.00
明治37年	59517.78	4276.98	5450.25	375.00	65605.84	6689.48	4422.55	4766.12	15.00	15765.20	16000.00
明治38年	59073.04	6520.60	1376.91		60583.12	7886.18	4689.95	1380.73	1414.67	10746.40	16700.00
明治39年	91805.63	12793.40	2257.00	479.00	92825.24	11615.75	4078.75	257.35	204.58	25197.17	29802.00
明治40年	93978.89	18222.48		2846.10	100965.39	14468.49	8191.90	112.50	7847.70	14000.00	24600.00
明治41年	48701.63	8556.71			60749.39	7925.89	4596.48	56.25	3647.50	17458.85	11430.00
明治42年	77893.89	3741.25		1901.85	79016.94	10882.20	6184.35	2170.00	259.03	13711.20	31900.00
明治43年	67759.90	3137.50			69763.67	9901.37	4723.35		247.80	17650.00	28800.00
明治44年	60564.18	187.50		7252.19	74224.57	8815.75	4492.16	100.28	725.50	24404.04	19500.00
明治45年	64419.01	15855.00			104876.23	15794.69	12004.19		736.65	30107.39	1800.00
大正２年	51324.99	5977.50			61026.14	6923.79	2410.44		13.20	25605.50	11000.00
大正３年	47210.70	4320.10			58751.97	12928.60	4342.80		41.16	16315.81	1700.00
大正４年	130485.88	5374.75			132886.96	7725.00	4775.10			14839.61	79900.00
大正５年	69491.33	10527.00		9845.32	68222.50	15232.35	7136.10		4686.84	16256.06	14500.00
大正６年	77779.69	13160.00			84160.93	26894.45	10933.07	361.20	146.86	22998.42	24950.00
大正７年	78329.69	18443.86			86192.80	19029.03	7362.40		2268.70	43695.92	500.00

注）堀家文書より作成

とその直後での九、〇八四円余だけである。大正七年（一九一八）までの累計では一万六、〇六四円一六銭の公債を買い入れ、その収入が一万六、八二四円四九銭であった。

株式投資が本格化するのは日清戦争後のことである。明治二十九年に三、〇〇〇円以上の投資をしたのは灘酒造株式会社と神栄株式会社である。灘酒造株式会社は明治二十九年九月に兵庫県武庫郡魚崎村に設立された会社である。同社の第一期営業報告書によれば資本金五〇万円で清酒醸造七、〇二〇石、清酒販売利益金二万一、一三六円三〇銭八厘であり、純益は一万五、八八四円四九銭六厘であった。この会社の五人の取締役の一人は堀　豊彦で、堀家の当主であった堀　謙治郎の実弟であった。豊彦が同社株二〇〇株（一株五〇円）、謙治郎が二〇〇株を所有していたのである。しかし明治三十一年、同三十二年に五〇〇円ずつの配当があっただけで、その後は配当がなく、明治三十七年（一九〇四）に「同社解散ニ付損失ニテ相済」となっていた。(7)

神栄株式会社は資本金一五万円で明治二十年（一八八七）五月に神戸区栄町に設立された生糸貿易の会社である。堀家が関係を持つのは明治二十九年からであり、謙治郎が二〇〇株を所有する。(8)横浜火災保険には明治三十年謙治郎が八二株を所有して関係を持ち、同じく同年十月に謙治郎が播州素麵株式会社の監査役に当選して七〇株を所有していたのである。(9)

他社の株を所有するだけでなく、自ら産業資本家となって会社を設立したのが明治三十一年三月に農商務大臣の認可を受けた龍野醬油株式会社である。醬油醸造と販売を目的とした会社で資本金は一〇万円、取締役兼社長が堀謙治郎であり、三五二株を所有して勿論筆頭株主であった。他の六名の取締役には弟の堀　豊彦、赤穂銀行頭取で塩田地主であった奥藤研造、揖水銀行頭取の志水市郎平、会社所在地である小宅村の村長西村　敦、大津村元村長の小泉源之助、大塩製塩会社の山本安夫が入っていた。また五名の監査役の中には灘酒造会社社長の山路千馬蔵、赤穂商業銀行頭取の柴原九郎、香島村元村長で醸造業の井口庄右衛門などが入っていたのである。[10]前掲表3では入金合計の主な内訳の利子配当欄は銀行とそれ以外の会社の利子配当を一緒にしたものを計上してある。この利子配当のうちで銀行からの部分が明治二十九年（一八九六）から明治四十二年（一九〇九）までの間に、明治三十二年と明治三十九年を除いて銀行外のものを上回っている。明治三十二年の場合は堀貯蓄銀行からの利子が入っているが、毎年二、〇〇〇円以上計上していた堀銀行の利子がなかったことによる。また同三十九年の場合は株売却分三、七三三円があったことで銀行部分を上回ったものである。総じて明治四十二年までは銀行の利子配当が主であった。

ところで日露戦争後に投資対象となったものは、まず京釜鉄道と龍野電気鉄道があげられる。鉄道はこれも大地主の主要な投資先であったと云われているが、前者へは日露戦争期に三、〇〇〇円を投じたが、明治四十年に二、九三〇円で売却して七〇円の損失を出していた。後者の龍野電気鉄道株式会社は明治三十九年十二月十二日に網干港～東嘴崎間の開通をめざして資本金四〇万円で設立されたものである。取締役社長は堀 豊彦で四二八株を所持しており、第二位の株主は三〇七株の堀 謙治郎であった。龍野電鉄へは明治三十九年から大正六年まで二万四六三七円五〇銭を投じていた。[11]

次に明治三十八年から楽器会社の東洋風琴株式会社に明治四十三年まで一、八七五円を、また神戸信託株式会社へは明治三十九年から大正七年まで一万五〇〇〇円を投じていた。[12]さらに明治四十年から同四十五年まで日本セルロイド人造絹糸株式会社に二、五〇〇円を投じていたのである。[13]この他に堀 謙治郎が明治二十九年以降、大正七年までの間に株式を所持していた会社は表4のようであった。そして明治四十三年以降は明治四十五年と大正四年を除いて、いずれも銀行以外の会社の配当が上回っていたが、その多くは株売却によるものであった。[14]

表4　堀 謙治郎の投資先一覧

番号	会　社　名	開始年	終結年	払込金（円）	役員名	備　考
1	神栄社	明治29年	大正７年	12500.00		
2	横浜火災保険	明治29年	大正７年	1025.00		
3	神戸建物	明治29年	明治30年	200.00		会社解散
4	播州素麵	明治29年	明治36年	750.00	監査役	
5	灘酒造	明治29年	明治37年	3750.00		会社解散
6	網干銀行	明治29年	明治32年	1500.00		名義変更
7	兵庫県農工銀行	明治30年	大正７年	16031.90	監査役	
8	堀銀行	明治30年	大正７年	48000.00	頭取	
9	岩見銀行	明治30年	明治31年	250.00		株売却
10	鶴舞大縄張地所共有組合	明治30年	明治31年	400.00		名義変更
11	龍野米取引所	明治30年	明治35年	600.00		会社解散
12	小宅貯蓄銀行	明治30年	明治36年	4500.00	頭取	株売却
13	赤穂商業銀行	明治30年	明治38年	5600.00		会社解散
14	九十四銀行	明治30年	明治45年	5620.87		株売却
15	龍野醬油	明治31年	大正７年	43087.50	社長	
16	播磨耐火煉瓦	明治31年	明治32年	625.00	取締役	退社
17	那波銀行	明治31年	明治42年	1575.00		株売却
18	京釜鉄道	明治34年	明治40年	3000.00		株売却
19	赤穂実業銀行	明治35年	明治43年	1850.00		株売却
20	龍野電気鉄道	明治39年	大正６年	24637.50		株売却
21	神戸信託	明治39年	大正７年	10500.00		
22	播磨鉄道	明治39年	明治42年	200.00		株売却
23	東洋風琴製造	明治39年	明治43年	1875.00		
24	日本セルロイド	明治40年	大正元年	2500.00		名義変更
25	東洋拓殖	明治42年	大正７年	945.00		名義変更
26	神戸貯蓄銀行	明治43年	大正３年	1250.00		
27	赤穂電灯	明治45年	大正７年	4950.00		
28	大阪取引所	大正２年	大正５年	4830.00		株売却
29	新宮電鉄	大正２年	大正６年	1500.00		株売却
30	神戸石油採掘	大正２年	大正７年	1750.00		
31	大阪窯業	大正６年	大正６年	2800.00		株売却
32	農工月販	大正６年	大正７年	1250.00		会社解散

注）堀家文書より作成

注

（1）・（3）前掲堀家文書「耕地所得計算簿」（明治二十三年）
（2）前掲堀家文書「貸金諸事附込計算簿」（明治二十七年）
（4）前掲堀家文書「貸金諸事附込計算簿」（明治三十六年）
（5）前掲堀家文書「貸金諸事附込計算簿」（明治三十四年）
（6）前掲堀家文書「万覚帳」（明治十七年一月）
（7）前掲堀家文書「灘酒造第一期営業報告書」（明治三十一年三月）
（8）前掲堀家文書「神栄株式会社第四期営業報告書」（明治三十年五月）
（9）前掲堀家文書「横浜火災保険第一回営業報告書」（明治三十年）、「播州素麺株式会社監査役当選書」（明治三十年十月三十日）
（10）前掲堀家文書「龍野醤油株式会社第一回営業報告書」（明治三十一年十二月三十一日）
（11）前掲堀家文書「龍野電気鉄道株式会社事業報告」（明治三十九年后期）
（12）前掲堀家文書「貸附諸事附込計算簿」（大正七年一月）
（13）前掲『姫路市史』第五巻上、七二二頁
（14）明治四十五年は九十四銀行株を七、七一七円売却する。

五、銀行創設と堀　謙治郎

近代産業の発達に不可欠な銀行と堀家が関係を持つのは明治十三年（一八八〇）八月四日に龍野町に営業していた龍野第九十四国立銀行へ二、〇〇〇円の預金をした時からである。同銀行は資本金五万円で明治十一年十二月に開業し、創業時の役員は全て旧龍野藩士族が占めていたという士族銀行であった。(1)この銀行に堀家は明治十七年（一八八四）五、七九七円、同二十二年（一八八九）に五、〇〇〇円の預金をしていたのである。(2)

龍野町では商人を中心とした金融機関であった蟠龍社が明治十五年に誕生しているが、この蟠龍社には明治二十年五〇〇円、明治二十一年に二、五〇〇円を出資して、二十二年二月には三、一二〇円五〇銭の返金を受けている[3]。全国的にも明治二十年代は各地で銀行の創立が族生するのであり、堀家が貸金していた赤穂郡の塩田地主たちは明治二十一年（一八八八）に奥藤研造が頭取となって赤穂銀行を、明治二十五年には高川定次郎が坂越銀行を創設していた。また揖東郡の塩田を抱えた網干地域では堀　豊彦が頭取となって明治二十七年（一八九四）には網干銀行を開設し、堀　謙治郎も六〇株を所持して上位株主となっていた[4]。

このような中で明治二十八年四月に堀銀行は誕生したのである。資本金五万円のうち、四万円を堀　謙治郎が出資し、堀　豊彦七、七〇〇円、堀　直左衛門と堀　元明が一、〇〇〇円ずつ、そして俣野　實が三〇〇円を出資した五名による合資会社であった。豊彦は業務担当社員となり、豊彦の申し出で俣野　實を「今般銀行開店ニ付役員トナル、依テ当方ヨリ左ノ通リ月々恩給料トシテ遣ス約、一ヶ月米二斗、金三円」の条件で雇い入れていた[5]。

明治二十八年の三月には資金運用上の制限を撤廃した貯蓄銀行条例の改正があり、これを契機に貯蓄銀行が激増するのであるが、堀家でも明治三十年には資本金三万円の株式会社小宅貯蓄銀行を設立している。頭取に堀　謙治郎、取締役には堀　豊彦と堀　直左衛門、支配人に俣野　實がなっていて、堀銀行と役員構成は変わっていない。この貯蓄銀行は後に堀貯蓄銀行と改称し、明治三十六年（一九〇三）十一月に赤穂郡坂越村の奥藤研造へ売却されている[6]。

さてそれでは堀銀行が堀家の企業活動に果たした役割について見てみよう。

明治二十八年から大正七年までに堀家は二〇行の銀行と取引を行い、それに支払った総額は八二万五、一四〇円余であった。その中で堀銀行と同貯蓄銀行が五九万三、七六八円余で、次ぎに多かったのは五万八、〇六〇円余の六十五銀行と二万四、九八八円余の九十四銀行であったが、堀銀行が全体の七二％を占めていたのである。また同時期に一一行の銀行から利子、株売却益を受け取っており、その総額は一三万三、〇九五円余であったが、そのうち堀銀行からは八万四、一三〇円余で六六％であり、それに次ぐ九十四銀行一二・四％、県農工銀行九・三％であって、まさに堀銀行は機関銀行の役割を十分に果たしていたのである。

ところで堀　豊彦については「龍野醤油株式会社に関わる一方で、醤油同様に揖保郡の物産であった素麺業の振興にも貢献した。（略）その他に揖保郡下の醤油・素麺をはじめとした小生産者への金融機関としての網干銀行を設立した。また網干港を基点として網干駅～龍野駅間の龍野電気鉄道敷設に関与した。政治的には自由党系であり、後年には改野耕造とともに兵庫県下政友会の「重鎮」といわれ、明治三十一年に衆議院議員となった」と大きく評価されている。一方、堀　謙治郎については「豊彦の兄で、揖保郡の商人地主的有力資産家の一人（略）伊藤長次郎と関係を有する存在であり、奥藤研造らと揖保郡の特産品醤油の生産拡大をねらって、龍野醤油株式会社を設立した」と紹介される程度で、産業革命期の様々な企業活動や実弟豊彦との経済関係などは、必ずしも明らかではない。[7]

豊彦は網干銀行頭取、龍野電鉄社長を歴任し、明治二十七年（一八九四）には県会議員、明治三十一年（一八九八）には小宅村村長そして同年八月には衆議院議員と政治、経済に華々しい活躍をした経歴の持ち主であったが、その陰では明治二十四年（一八九一）以来、大正五年（一九一六）まで兄謙治郎が弟豊彦の経済的負担を肩代わりしていたのであり、その総額は八万二、七五九円余に及んでいた。

まず明治二十七年の県会議員出馬では「千二百円、右者此度県会議員之節、非常用ニ付合力致シ遣ス」とあり、明治三十年（一八九七）には「千六百円大阪ニ而非常ニ損有之候ニ付、合力ス」と。また明治三十一年三月の第五回臨時総選挙では「衆議院失敗之節」として七〇〇円を合力し、同年八月の第六回臨時総選挙では見事に当選を果たすのであるが、この時は選挙運動の諸費用として三、九七一円余を負担していたのであった。明治三十四年に至り豊彦が「不如意ニ付、本人より一、〇〇〇円宛合力スル事」になり、同三十四年、三十五年に各一、〇〇〇円を渡し、同三十六年には五〇五円を渡していた。さらに同年は豊彦の「負債償却ノ為メ当方ニ而弁償金」の一万円を負担していたのである。(8) 大正四年（一九一五）の負担は二万八、〇八二円余と巨額になっていたが、この中には同年三月に行われた第一二回の総選挙にかかった費用三、二〇〇円も含まれていたのである。

堀 謙治郎は大正三年に編纂された『兵庫県人物列伝』では「私立銀行を創立して、同地方金融界の便を図り、これが経営に努めて今日の発展を見るに至らしめ、又同地の特産龍野醤油が個人事業の姑息なるを慨し、同志数氏と計りて龍野醤油会社を設立し、地方物産の振興を画する等実業界に尽くすと共に、（略）県農工銀行創立以来監査役として枢要の地位を占めつつあり」と評し、また兄弟の関係については「我国古来の家族制度の不合理的なるに則るを宵しとせず、長幼何の差か有るべしとて、其令弟豊彦君に対する情誼の厚きこと欽羡の種なるべく、汎ゆる方面に於て歩行を揃えつつあり」とある。概してこの種の人物伝は誇張するきらいがあるが、こと謙治郎に関しては評者の見方は当を得ていたと思われる。(9)

堀 謙治郎は兵庫県有数の巨大地主であると同時に、産業資本家であり、また銀行資本家として地域経済の近代化ばかりでなく、日本資本主義の発展に尽力してきた人物であったことが知られるのである。

注

（1）『龍野市史』第三巻、一九八五年、六九頁

(2) 前掲堀家文書「万覚帳」(明治十七年一月)
(3) 前掲『龍野市史』七三頁、蟠龍社の中心人物によって明治二十二年に龍野銀行となる。
(4) 前掲堀家文書「網干銀行第一期営業報告書」(明治二十七年)
(5) 前掲堀家文書「万覚帳」(明治二十九年一月)
(6) 前掲堀家文書「小宅貯蓄銀行第一期営業報告書」(明治三十年)
(7) 前掲『姫路市史』第五巻、六九〇頁
(8) 前掲堀家文書「貸附諸事附込計算簿」(大正四年一月)
(9) 山内清渓編『兵庫県人物列伝』、大正三年、八一頁
　俣野実は明治二十八年以来堀銀行に雇われていた者であるが、明治四十五年に「同人義長々勤務致ニ付此度家屋建築致遣ス」として一、二二二円余を支出しているが、当時は一般に退職手当など慣習化していなかった時代であり、奇特な計らいであったと云えよう。

六、おわりに

　堀家が企業活動の基盤としていた米穀販売額が年間一万五、〇〇〇円を超え出すのは日露戦争期以後のことであり、明治四十五年（一九一二）には三万円を、そして大戦景気の大正七年（一九一八）では四万三、六九五円もあったのである。米代の収入は株式配当などに対して明治三十一年、同四十年、大正六年を除いて上回っており、堀家の企業活動の土台であった。米代や株式配当、銀行利子などを含めた年間の所得高は大正四年では一万四、三五七円であった。株式投資では大正期に入ると電灯・化学・石油へと二〇世紀を代表する産業へ向けられる面もあった。しかし株式投資を開始した産業革命期から大正期の大戦景気まで一貫して関わっていたのは生糸貿易の神栄社、

火災保険の横浜火災保険、兵庫県農工銀行であり、そして自らが直接経営にあたってきた龍野醤油と堀銀行であった。堀銀行は大正四年に「七万五千円銀行ヨリ支配スル事ニ致ス」として日本勧業銀行から一五か年賦で七万五、〇〇〇円を借り受け、堀銀行への出資を四万円から四万八、〇〇〇円に増やしていた。(1)

さて、大戦景気は我が国の経済に未曾有の好景気をもたらしたのであったが、その反動による大正九年（一九二〇）恐慌は、これまたそれ以前とは比較にならぬ程の大きな景気後退を引き起こしていた。堀家はこの恐慌を乗り切ることはできたが、堀銀行は大正九年の合同手続きを簡易化した銀行条例改正にもとづき大正十一年に資本金一〇〇万円の龍野銀行と合併してしまう。(2)

第一次世界大戦を画期に日本資本主義が独占資本主義段階に達すると、大地主の多くは㈠有価証券投資家の性格を強める地主、㈡土地所有への依存を変えない地主、㈢産業資本家地主の三類型に分けることが出来ると云われている。(3)堀家がこの類型のいずれに該当するものであるかはさらに慎重に検討したいと思う。

大正十三年（一九二四）の農務局による「五〇町歩以上ノ耕地ヲ所有スル大地主ニ関スル調査」によれば、兵庫県には六二の個人と団体による大地主が存在しており、その中に「堀　真一水田四拾九町八反歩、畑二反歩、合計五拾町歩所有、小作人二一六名」とある。堀家は明治二十年代前半の耕地所有規模を大正期も維持していたのであった。(4)

大正期以降、堀家が日本資本主義の荒波をどのように乗り切っていくかについては今後の研究課題としたい。

注

（1）前掲堀家文書「貸附諸事附込計算簿」（大正四年一月）

（2）『揖保郡誌』大正六年、二〇五頁
（3）大石嘉一郎編著『近代日本における地主経営の展開』御茶の水書房、昭和六十年、七〇六頁
（4）農務局「五〇町歩以上ノ耕地ヲ所有スル大地主ニ関スル調査」（『日本農業発達史』七所収）

第二章　椿新田における大地主の形成

向後七郎兵衛家の豪農経営

一、はじめに

農務局が大正十三年（一九二四）六月に調査した「五〇町歩以上ノ大地主」によれば、千葉県には五〇町歩以上者が五七人おり、そのうち第八位の岩瀬為吉一二一町歩と第三九位の向後積善五八町歩は椿新田内に存在した大地主であった。岩瀬為吉は明治中期に銚子の米穀肥料商であった先代が椿新田の琴田村沖に一〇〇町歩余を一括購入して進出してきたのである。[1] それに対して向後積善の場合は椿新田が開発され、元禄八年（一六九五）に幕府代官が行った高入れ検地以来の近世農民の系譜を持つ者であった。

椿新田は幕府が開発した近世有数の大新田であり、これまでに多くの研究が行われてきている。[2] しかし椿新田内に出現した地主の研究については存外少ない。菊地利夫氏は元禄三年に開発者の三元締が追放され三人の豪農に売却された時点に、椿新田の中にあった町人請負新田は消滅して、三人の豪農が巨大な寄生地主として出現することになったということができよう」とされておられるが、[3] それには中村　勝氏が「広大な土地買い集め人たちの土豪的地主への道は阻止される。（略）正徳期以降に一村切り名主となる者の中から村方地主的発展が見られる」と主張するような批判がある。[4] けれどもこれまでその実証的な追究はされて来なかったのが現状である。ところが幸いにも平成十四年（二〇〇二）に旭市在住の越川栄一郎氏のご尽力により、香取郡東庄町夏目の向後家の史料保存が行われた。そして翌年夏には川名　登千葉経済大学教授の指導による集団調査で『向後七郎兵衛文書目録』が作成され、椿新田の巨大地主の史料が公開されることになったのである。[5]

本章ではこの巨大地主が近世期においてどのように成長し、豪農経営を成立させてきたものであったのかを追究し、これまでの椿新田おける実証的な地主研究の弱点を克服することに努めたいと考えるものである。

注

（1）拙稿「維新期の東総における魚肥流通構造」（海上町史研究一九号）、一九八二年。拙稿「水田単作地帯に於ける一〇〇町歩地主の成立」（『東国の社会と文化』所収）、一九八四年。拙稿「大正政治史における一考察」（海上町史研究二七号）、一九八七年。拙稿「寄生地主の経営と展開」（千葉経済短期大学商経論集第二二号）、一九八九年。

（2）最初の研究は渡部英三郎「九十九里平野の開拓」（水利と土木一三の三、四）一九三九年であり、戦後の研究では菊地利夫『新田開発・改訂増補』古今書院、一九五七年。『大利根用水事業史』上・下巻、一九五八年。小笠原長和外「東総農村と大原幽学」

（千葉大学文理学部文化 科学紀要五）、一九六一年。小笠原長和外「旭市を中心とする東総村落史の諸問題」（千葉大学文理学部文化科学紀要一〇）、一九六八年。藤田 覚「元禄・享保期東総一在村商人の動向」（地方史研究一二一号）、一九七三年。『旭市史』第二巻、一九七三 年。中村 勝「椿新田における新田地主の形成過程」（『房総地方史の研究』所収）一九七三年。『干潟町史』一九七五年。石川辰男「干潟八万石をどうみるか」（香取民衆史一）、一九七六年。拙稿「近世後期の椿新田に於ける農民層の存在形態」（海上町史研究二号）、一九七六年。北爪正子「蛇園村々差出帳に見られる出作をめぐって」（海上町史研究三号）、一九七六年。大野孝子「下総国岩井村下椿新田における入作農民」（海上町史研究五号）、一九七七年。服部重蔵「三川堀」（海上町史研究五、七、八号）、一九七七年。鈴木広一「椿新田における年貢収取と土地所有者の変化」（海上町史研究七号）、一九七七年。川名 登「真説〝椿新田開発記〟（一）」（海上町史研究一一号）、一九七九年。『旭市史』第一巻、一九八〇年。『飯岡町史』、一九八一年。『海上町史・特殊史料編』、一九八二年。拙稿「椿新田開発研究の到達点と課題」（『海上町史・特殊史料編』所収）、一九八二年。『東庄町史』一九八二年。菊地利夫『続新田開発・事例編』一九八六年。『海上町史・総集編』一九九〇年。

（3）前掲菊地論文『続新田開発・事例編』四五四頁

（4）前掲中村論文一四二頁

（5）『向後七郎兵衛文書目録』は千葉経済大学芸員課程紀要第九号に収録、二〇〇三年。また原史料は「伊勢家文書」と称し、現在はNPO法人「干潟八萬石」が管理している。

二、元禄八年検地と夏目村

元禄八年（一六九五）の高入れ検地帳は海上町史編纂の調査で椿新田一八か村のうち伝存が明らかでない琴田・鎌数・幾世・長尾の四か村を除いて一四か村分が発見され、前掲『海上町史・特殊史料編』に収録されてある。しかも最近になって幾世村検地帳二冊のうちの一冊が新たに発見されたのである。これら一五か村の検地帳での名請人を検討すると、新田外の他村の名請人が九九か村から九二三人おり、総面積一、九七五町七反三畝一三歩のうち、

表１　椿新田名請上位者一覧　（単位：畝）

順位	村　名	名請人	所持面積	内　訳	
				悪地以上	草間以下
1	太田村	六郎右衛門	10350.19	590.04	9760.15
2	太田村	六郎兵衛	6424.14	69.03	6355.11
3	下永井村	藤右衛門	4037.06	3939.13	98.23
4	江戸	太右衛門	3745.17	3629.20	115.27
5	江戸	元章	1886.00	1875.03	11.27
6	今宮村	加右衛門	1864.02	353.10	1510.22
7	江戸	佐市郎	1711.21	1492.04	219.17
8	江戸	三郎兵衛	1531.14	1531.14	0.00
9	江戸	茂右衛門	1508.26	1508.26	0.00
10	網戸村	八郎右衛門	1443.19	762.03	681.16
11	泉河村	清五郎	1222.20	276.28	945.22
12	塙村	新右衛門	1137.13	966.03	171.10
13	江戸	仁助	1073.17	1035.23	37.24
14	八日市場村	福善寺	1038.26	3.06	1035.20
15	江戸	久五郎	1037.16	865.28	171.18
16	三川村	与惣左衛門	971.26	574.23	397.03
17	小南村	福聚寺	938.13	938.13	0.00
18	鏑木村	忠兵衛	935.23	935.23	0.00
19	西宮村	八郎兵衛	929.19	657.19	270.00
20	井戸野村	与五右衛門	830.29	380.25	450.04
21	江戸	理兵衛	805.01	789.08	5.23
22	新里村	伝兵衛	796.24	629.08	167.16
23	知手村	五郎兵衛	789.16	789.16	0.00
24	阿玉川村	理右衛門	769.25	769.25	0.00
25	小南村	大通	755.29	0.00	755.29
26	三川村	兵庫	755.02	311.04	443.28
27	萩園村	七郎右衛門	726.06	655.25	72.11
28	諸徳寺村	十右衛門	710.26	387.03	323.23
29	八日市場村	半十郎	694.25	297.06	397.19
30	上永井村	主水	686.09	654.00	32.09
31	椎名内村	新右衛門	672.21	605.18	66.23
32	志高村	次左衛門	619.09	130.12	488.27
34	太田村下	小兵衛	572.19	534.28	37.21
35	太田村	作兵衛	558.00	558.00	0.00
36	吉崎村	三左衛門	554.06	456.23	97.13
37	網戸村	武右衛門	552.20	89.05	463.15
38	吉崎村	久兵衛	552.01	477.21	74.10
39	八日市場村	孫右衛門	528.10	365.12	162.28
40	椎名内村	丑之助	505.20	474.04	31.16

注）「元禄８年検地帳」より作成

彼らの名請面積は一、一七八町一反六畝一八歩で五九・四％を占めていた。その名請人の所持面積を区分すれば、一〇町歩以上一・七％、三～一〇町五・七％、一～三町一一・四％、五反～一町五三％、一反以下六・九％の状況であって、六〇％以上は周辺村落からの零細な出作者であったことが窺われる。五町歩以上の名請者が四〇名いるが、その名請地を悪地下々田以上と草間以下とに区分して示したものが表1である。名請地の最多の者は太田村六郎右衛門で一〇三町五反一九歩である。しかし草間以下の田地が九四・三%を占めていた。[1] それに対して江戸の名請人たちは圧倒的に耕作可能な悪地下々田以上を所持していたのである。江戸の名請人の例を清瀧村の場合で見ると、上田面積三町二反一畝二六歩では二人の江戸名請者で一町一反一畝一二歩と三四・六%を占めており、他村入作者五三人の名請地は二町五畝三歩であった。生産力の高い所を多く占めていたのであって、明らかに投資対象として所持していたものと考えられる。[2] また第一九位の摂津西宮村八郎兵衛や第二三位の鹿島郡知手《しって》村五郎兵衛は漁業関係者と思われる。

椿新田で幕府御用地が存在したのは夏目村・八重穂村・万歳村の三か村であったが、夏目村には耕地一五八町歩余のうち一四九町歩余と、最も多くの御用地があった。

名請人の内訳は御用地預かりが他村入作者五〇町三反三畝八歩、夏目村農民七三人で三六町九反三畝一四歩、また村内農民共同で六二町三反三畝二歩であったが、村内農民自身の名請地は一四人で八町六反三畝五歩にすぎなかった。預かり地と名請地を合計して村内農民の所持状況を見れば、二町歩以上者二人、一～二町歩六人、五反～一町歩一七人、一～五反四二人、一反歩以下六人と零細であったことが分かる。[3]

注

（1）太田村の六郎右衛門は元禄四年（一六九一）に御用地三四七町歩を四、七七〇両で入札を落札させた人物であり、「干潟開発雑録」には「三右衛門ハ六郎右衛門ト又親戚ノ間柄ナリ、三右衛門ハ又辻内善右衛門ノ甥ト云フ」とあるから、三元締の関係者であったものであろう。

（2）清滝村の中田では三五・六％、それに対し下田二四・九％、下々田二四・一％と生産力の低い所ほど占める割合が低い。
（3）正徳期に村の代表となり、初代の名主となる市郎右衛門は六反二三歩で、それは御用地であった。

三、向後家の出自と土地集積

向後家の祖、七郎兵衛は何時に登場するのであろうか。『香取郡誌』によれば、「其先主水正なるものあり、海上郡永井に住し、笠間胤知の子胤輔を養ひ嗣と為す、九世正胤三子あり、仲を七郎兵衛と曰ふ、元禄年中干潟新田開鑿の挙あり、幕府沿村巨族に命じ役を助けしむ、七郎與かる役竣り、夏目に移り住し」とある。(1) 文政四年（一八二一）の「椿新田見立興起」では代官池田新兵衛手代役人衆の中に「縄引役七郎兵衛」とある。これが『香取郡誌』の伝える向後七郎兵衛を指すものであろう。(2) けれども元禄八年の夏目村検地帳には登場していない。最近発見された同年の幾世村検地帳では七郎兵衛とあり、一町五反四畝一四歩を名請けしている。これは二冊のうちの一冊分であるから、これ以上の名請けをしていたものと考えられる。(3) 幾世村七郎兵衛は元禄十四年（一七〇一）この地方を襲った飢饉に際しては、同年十二月に夏目村・清瀧村・大間手村・高生村・鎌数村・米込村・万力村の七か村の代表とともに夫食拝借願いを幕府に出願しており、(4) また正徳三年（一七一三）七月には新田村に一村毎の名主設置を夏目村・清瀧村・大間手村・万力村の四か村の代表と一緒に出願していた者である。(5) 七郎兵衛が幾世村から隣村の夏目村に何時の時点で移り住んだのかは不明である。伊勢家文書に伝存する証文の最も古いものは正徳二年の流質地証文である。それは夏目村の市郎右衛門が五反二畝歩余の土地を六〇両で七郎兵衛へ流質地にしているものである。(6) 享保十二年（一七二七）の下永井村八郎兵衛が夏目村内で五反歩の土地を差し出した流質地証文では宛先が夏目村七郎兵衛となっており、享保期頃に夏目村に移住したものと思われる。(7) 享保十五年には下永井村惣右衛門がやはり夏目村内の四反歩を流質地に差し出している。(8) 享保十七年の「覚」によれば下永井村の重郎右衛門は夏目村の一町七反八畝一一歩の土地を一反に付一斗八升取りに決め、七郎兵衛から年貢諸役を引いた残り米一石八斗五合五夕を受け取っている。(9)

享保十八年上永井村三郎兵衛は七郎兵衛に土地を売却しており、(10) 同年十二月には下永井村藤右衛門が夏目村で六反歩の土地を七郎兵衛へ流質地にしていた。(11) この下永井村の藤右衛門は前掲表1に第三位で登場していた宮野藤右衛門である。藤右衛門は元禄六年(一六九三)鏑木村下で一〇町歩を二五〇両で太田村加瀬重兵衛から購入していた人物であった。(12)

上永井村三郎兵衛や下永井村の藤右衛門は元禄八年の段階で清瀧村に名請人として登場しているが、夏目村では名請けしておらず、何時の時点で土地を取得したのかは不明であるが、それらの土地を七郎兵衛が買い入れていたのである。

宝暦八年(一七五八)の記録では下永井村の藤右衛門とは巳・申・酉・亥の四年にわたって七郎兵衛は高分けを行っており、六町六畝三歩(六七石二斗一升二合)を七郎兵衛の名義としていた。さらに午年の高分けでは一町三反一畝一〇歩(一六石一斗五升七合二夕)を取得している。この四つの干支年は享保十年・同十三年・同十四年・同十六年、また午年は元文三年(一七三八)と思われる。そして元文五年八畝歩、延享三年五反二畝一八歩、延享四年二反六畝二四歩(八石六斗一升二合)を藤右衛門から買い入れているのである。すなわちこの高分けと買入によって七郎兵衛は八町二反四畝二五歩、高にして九一石九斗八升一合二夕を所持したことになったのであった。(13)

注

（1）『香取郡誌』一九二一年、八四一頁
（2）前掲『海上町史・特殊史料編』一一九七頁
（3）伊勢家文書「下総国海上郡松ヶ谷村下椿新田御検地野帳写」（元禄八年）
（4）前掲『海上町史・特殊史料編』一一五七頁
（5）前掲『海上町史・特殊史料編』六四六頁
（6）前掲伊勢家文書「流質地証文之事」（正徳二年四月）
（7）前掲伊勢家文書「相渡申流質地証文之事」（享保十二年閏正月三日）
（8）前掲伊勢家文書「流質地証文之事」（享保十五年十二月二十七日）
（9）前掲伊勢家文書「覚」（享保十五年五月）
（10）前掲伊勢家文書「請取覚」（享保十八年正月晦日）
（11）前掲伊勢家文書「相渡申流質地証文之事」（享保十八年十二月）
（12）前掲『海上町史・特殊史料編』七二頁
（13）前掲伊勢家文書「藤右衛門分十四町水戸地廿丁浜宿高訳帳」（宝暦八年二月）

四、夏目村の概要と階層構成

夏目村の村高は一、四三八石九合であり、元禄八年から天領であったが、延享二年（一七四五）に佐倉藩領となる。この間に名主は初代市郎右衛門から元文二年（一七三七）に市左衛門に代わっている。宝暦十三年（一七六三）に天領と旗本榊原氏の二給支配地となるが、[1]それに先立ち宝暦四年（一七五四）に名主は市左衛門から市兵衛に代わっていた。明和四年（一七六七）に天領分は安中藩領となり、安中藩は匝瑳郡太田村に陣屋を構えて地方支配を行い、安中藩と榊原氏の二給支配は維新まで変わらなかった。宝暦十三年の夏目村明細帳によれば、家数は一一八軒、このうち水呑小作百姓が一八軒であった。村内には馬五三疋がいたが、年貢米の津出河岸である桜井河岸まで一里の距離にあり、運搬に活用していたものと考えられる。「薪等之義本田方ニ而買調」、「家作木惣而材木ハ本田方ニ而買調申候」とあり、村内に肥料用の採草場がないため、「田畑こやしの義ハ馬屋こひ、土こひ共ニ、一反ニ付二拾駄ほと、干か一俵或は二俵ツヽ」と金肥導入に依存しなければならない場所であった。また「種貸御拝借仕候」、「夫食御拝借仕候」とあり、新田場であることから、総じて「当村ハ里方ニ而困窮之所ニ御座候」の村柄でもあった。(2) 椿新田内では南向きの高地勝ちな場所に位置していたので「元来御高免ニ御座候」であったと云う。享保十八、十九両年にわたり、「椿新田一同水腐」の事態となった際には、幕府代官原 新六郎の普請方が廻村してきたが、高地勝ちのことから逆に増税を命じられ、また代官鈴木小右衛門によっても寛保三年（一七四三）から増税されてきた。宝暦十二年（一七六二）からは老中堀田正亮の佐倉藩領となったが、さすがに歎願がすぐ受け入れられて凶作での減免と夫食拝借が行われ、その返納分は免除されていた。しかし年貢滞納が続き、佐倉藩領から再び天領に戻ると、明和二、三年の凶作には検見の見分があったが、三分一以上の不作ではないとして、代官遠藤兵右衛門から定免制の導入が実施された。そのため歎願すると「御年延米石被仰付」となったけれども、明和四年安中藩領への領地替えにあたって、「右御年延米不残御取立ニ預り至極難儀仕（略）遠藤兵衛右衛門様御役所者上納相済候へ共、今以当御役所様江者御返上納不仕至極難儀」と苦しい状態に喘いでいた。

そこで明和期の打ち続く不安定な気候の中での高免に苦しむ夏目村の農民の声を聞いてみよう。明和七年（一七七〇）は旱魃があり、非常な旱損場所には一九〇俵の延米措置があったけれど「御定免辻大俵数皆済成兼候ニ付、当春（明和九）成田村御役所様ニ而居村持添高持百姓御内借被為仰付、其外私共他借仕、都合百六拾両余御上納仕

表2・夏目村階層表

	安永7年	寛政5年	慶應2年
0～1石	19	24	71
1～5	25	28	40
5～10	24	24	15
10～20	15	16	21
20～50	14	11	6
50～80	2	2	2
100石以上	1	1	1
計	100	106	156

注）「伊勢家文書」より作成

候」と借入金で上納していた。いよいよ金主へ元利返済する段階に至って「田方ハ不残明田同様ニ罷成、畑方江者毒虫出生仕喰損いたし、一切返済成兼」と行き詰まってしまった。「夫喰ニ差詰り候百姓ハ夫喰乞ニ地奉公罷出申候得共、隣郷近在ニ者一切相手無御座候」と奉公先もなく、「遠国江罷越申候得とも、路用諸掛り相懸り、漸々六拾以上拾歳以下之夫喰ニ罷成候」となっても、「御年貢米永納方一切罷成不申」と云う状態であった。

それでも明和八年（一七七二）までは村内で地主たちが人足などを雇っていたりしていたが、「去八月よりひまヲ出し（略）余慶之田地者作り兼（略）地主方より御上納辻年柄ニより半納ハ弁納仕候」の有様であった。「例え者銚子妙福寺江鏑木村久甫と申仁、寄進地御座候所、近年ハ寄進人ハ不及申、妙福寺之方も村方江田地ヲ揚ケ申候間、村役人弁納ニ罷成候」と当時東総有数の豪農であった鏑木村平山忠兵衛家の銚子妙福寺への寄進地の噂話を取り上げており、「其外作人無御座御田地数多御座候（略）御高免故、高ヲ持候而も不益と罷成（略）両年大旱魃打続申候故、別而高地之場所、御田地ニ相成り不申候様、勿論水持不申故、苗代ニ罷成り申間敷」と云うことから、小作人は地主に土地を返還してしまい、しかたなく村役人が小作人に相談するけれども、「御高免之村ニ御座候故、一切作人無御座御田地故、金子書入質地ニ相手無之、地持難儀仕候」と金子を貸してくれる者もいない始末であった。このような困窮の原因は定免の村になっていることから来るものであるので「御定免年数明候ハ、御検見入、御見取ニ被為遊、下免ニ御引下ケ被成下」と彼らは強く歎願していたのである。[3]

ところで夏目村は正徳三年（一七一三）では家数九五軒、そのうち水呑二二軒であったが、村落の階層構成はどのようになっていたのであろうか。それを表したものが表2である。

安永七年（一七七八）も寛政五年（一七九三）も同様の階層分解傾向を示しており、五石以下が四〇％以上ある。これらの大半が二〇石以上層の地持ち百姓への小作農民であったと思われる。それでもこの段階では五石以上から二〇石未満の中農層が三八％程あった。しかし慶應二年（一八六六）に至ると一石以下が七一名と激増し、しかもこのうち二九名は無石百姓であり、後述するように七郎兵衛の小作農民であった。また中農層は二三％と激減しており、両極に分解する傾向をはっきりと示していたのである。勿論一〇〇石以上者は七郎兵衛である。それでは七郎兵衛はどれほどの所持高であったのであろうか。元文三年（一七三八）の場合は所持面積は不明であるが、取米高は一九六石七斗七升一合八夕で、このうち年貢分が一一六石二斗一升八合三夕、地主取り分が六二石六斗二升一合九夕であった。この年の小作人への減免分が一六石四斗九升五合六夕で、実際の手取り分は四六石一斗二升六合三夕にすぎなかった。[4]寛延三年（一七五〇）は所持面積は二五町九反六畝四歩であった。しかしこの年の小作付帳には取米が記載されてあるものは、なんと七石四斗五升九合七夕にすぎない。[5]宝暦十一年（一七六一）では所持面積二五町六反三畝二九歩、取米一八石一斗五升五合九夕であった。[6]村柄でも紹介したように凶作もあり、新田の生産力が安定せず、所持高が大きかったけれども小作経営には非常に不安定な状況を示していたのである。

注

（1）榊原藤兵衛政武《まさのり》は宝暦十三年五月に二〇〇〇石を香取郡内に移される。（『寛政重修諸家譜』第一六巻、三七一頁）

（2）「下総国香取郡夏目村明細帳」（宝暦十三年五月）（野村兼太郎『村明細帳の研究』所収）
（3）前掲伊勢家文書「乍恐書付を以奉願上候」（明和九年正月）
（4）前掲伊勢家文書「午年御年貢米惣取米萬差引皆済目録帳」（元文三年十月）
（5）前掲伊勢家文書「午年田畑小作付反別帳」（寛延三年一月）
（6）前掲伊勢家文書「巳年田畑小作付反別帳」（宝暦十一年一月）

五、豪農経営の展開

明和九年（一七七二）の時点では安中藩は運賃に二〇俵余を村方に与え、年貢米六六四俵を江戸に廻米させ、また旗本榊原氏も運賃米四俵余で年貢米一三〇俵を蔵納させていた。(1) ところがまず榊原氏が安永二年（一七七三）から年貢先納を開始した。元金三四両に利息分八両一分で四二両を「巳年差引勘定目録」として年貢米納入と相殺することにしたのである。(2) 安永四年の先納四二両三分余は小南村権右衛門二九両、夏目村助右衛門三両一分、七郎兵衛一〇両一分の負担であった。(3)

連年にわたる先納金の上納から榊原氏は返済に際して「未より酉十二月御用金残金、月並御払残り、酉年より午年迄拾ヶ年賦ニ被仰付、一ヶ年ニ御米五拾五俵拾ヶ年賦之内被下置候」と年賦返済とし、一か年に年貢米を五五俵渡すことにしたのである。この段階ですでに元利一四五両三分余の借金を村方に負うていたのである。安中藩太田役所でも安永四年閏十二月に才覚金六〇両の上納を命じており、(4)「板倉様酉年より卯年迄七ヶ年賦御用金被仰付、其節御用金一所割合申候」と両支配者からの御用金賦課が重なってしまった。(5) この御用金賦課が始まった時期に名主の交代があり、七郎兵衛が市兵衛に代わって名主役に登場する。初代七郎兵衛は享保十七年（一七三二）に夏目村組頭になっていたが、元文三年（一七三八）時点で隠居しており、二代目の七郎兵衛が名主に就任したものと思われる。(6) 安永七年十二月に夏目村では七郎兵衛以下九名が「御返金分」五五両三分を米で一六七俵余を受け取っているが、七郎兵衛は金一七両三分、米にして五三俵余の受領であった。(7) 天明元年（一七八一）の榊原氏の年貢皆済状況を見ると、納米二二八俵余のうち、五五俵が御用金の年賦引きであり、さらに七五俵余の御用金引きが加わり、残り米も地払いにしており、実際に米納したのは四五俵にすぎなかった。(8) 天明五年十二月には暮れの諸入用金として榊原氏へ一三両余の御用金が上納されているが、その他に歳暮品として鰹節一〇、塩鮭二本、塩鰯二俵、田作一俵が送られている。(9) このような村内取り纏めをする七郎兵衛の行動に領主側は「其方儀年来出精相勤殊此度気持注成御取計有之段御満足ニ被思召仍而其身一代苗字帯刀御免被仰出者也」と苗字帯刀の特権を与えたのである。そして以後公的には向後七郎兵衛を名乗るようになる。(10) しかし次々に求められる御用金賦課にさすがの向後七郎兵衛も「私方ニ而手段を以、来ル六月、七月御雑用迄ハ調達仕、此度御上納之積り持参仕候得共、盆之御入用より八月よりの御入用之儀何分御用捨」と用捨願いを出願している。(11)

榊原氏は寛政二年（一七九〇）の段階で夏目村に一六二両余の借財があったが、それを一〇年賦にし、それまでの一年に年貢米五五俵を引き渡す方式を改め、「収納米の内時相場を以御引当」とすることにした。(12) このようなことに心労があったものであろう、向後七郎兵衛は「私儀段々御上様奉蒙御憐愍之是迄名主役相勤候得共、元来せんき持病有之候所、年増痛み段難儀仕候、其上近頃者たんしゃく度々差おこり至而難渋」と名主役の退役を申し出ている。(13) 勿論認められることなく続投となったが、領主側も御用金返済には「収納米之内二割之利金差加江、元利共時相場を以」と農民側の期待に応えている。(14)

表3　金銭支出状況　（単位：両）

年代	上納金	一般貸金	流地代金	質地代金	その他	合計
寛政６年	50.00	43.20	90.00	13.00		196.20
寛政７年		7.22		13.00	6.00	26.22
寛政８年		33.31		146.00	1.20	181.11
寛政９年	150.20	35.02	13.00	10.00	4.00	212.22
寛政10年	33.00	57.20	17.30	12.20	33.00	153.30
寛政11年	16.00	89.20	85.00	186.22	53.02	429.32
文化６年	126.00	60.22	128.32	14.20	24.00	354.00
文化７年		93.13	28.10	13.20	2.00	137.03
文化８年		65.30	166.01		2.00	233.31
文化９年		77.10	60.30	18.00	3.20	159.20
文化10年	100.00	121.32	11.10	8.00	14.00	255.02
文化11年		102.20	347.12	196.10	23.30	669.32

注）寛政11年・文化11年金銭出入帳より作成

向後七郎兵衛は何時投資したのか不明であるが、銚子荒野村穀町に一反四畝一〇歩の宅地を入手していた。明和四年（一七六七）の地代金は一五人から一六両二分二朱を受け取っている。[15]新田経営の不安定さ、領主側の高免と御用金要請に対し、おそらく一種の危険分散を考えての措置ではなかったであろうか。天明八年（一七八八）からは大坂屋勘四郎に代わって大坂屋市郎兵衛が地代金の徴収に当たっている。そして寛政期も借地人一五人は一二両二分二朱を納めている。[16]

さて、向後七郎兵衛家の出金状況を示したものが表3である。寛政期と文化期では領主への上納金は大きくは変わらないが、文化期では一般貸金と流地代金が飛躍的に増加している。このことは向後七郎兵衛家が経営的に安定性を示してくる状況を反映しているものである。寛政十一年（一七九九）の場合は入金状況も把握出来るが、二六七両一分二朱を受け取っている。その主な内訳は年貢米代金一四二両一分、一般の米代金七五両三分であり、また銚子荒野村の地代金が八両一分あった。[17]

文政期は文政五年（一八二二）に安中藩へ調達金三八七両、同八年には隣村小南村の領主である旗本佐野氏へ三五〇両を用立て、また同九年と十年に安中藩へ五〇両と七〇両を上納していたが、この時期から貸借上のトラブルが続発するようになる。まず文政十二年（一八二九）に地代金徴収に当たっていた大坂屋市郎兵衛との間に発生する。向後七郎兵衛は文化十一年（一八一四）に荒野村の美濃屋嘉助に二五両を用立て、文化十三年には同村芳屋文蔵と辺田村浄国寺へ二五両ずつ用立てていた。しかしこれらの証文は大坂屋市郎兵衛の名義にしてあった。ところが文政十年（一八二七）市郎兵衛が病死したことから催促に及ぶと、市郎兵衛後家とその親類は「証文私方ニ所持無之候而者取用ニ不相成趣申張」と主張して応じなかった。そればかりでなく、文化八年（一八一〇）から文政十一年の一八年間も地代金の勘定が滞納となっていたのである。向後七郎兵衛は高崎藩の飯沼役所へ訴え出ている。[18]

次が貸金のトラブルである。それは文化二年（一八〇五）に万歳村の三右衛門へ七八両を貸したことである。仲介人が同村の組頭元右衛門であったことから「元右衛門江申聞候所、同人被申候ハ、万歳村両名主名代ニ組頭罷出取扱候ニ間違無之、三右衛門義当時千両之株者有之候得者、気遣等ハ無之抔と過言等被申候間、任其義ニ書付茂取置不申候而右金七拾八両取渡候」と信用してしまったと云う。文化二年から天保二年（一八三一）まで二七年間も返済がなく、太田役所へ訴え出たものであった。[19]さらなるトラブルは天明四年（一七八四）に万歳村の御用地等九反二畝一五歩を大久保村義兵衛の名義で買い受けておき、小作人茂兵衛に耕作させいた。「祖父義兵衛と申ものハ慥成者ニ御座候間、取立米之世話為致置申候」と義兵衛に小作米の徴収にあたらせていたのであったが、代替わりになって両者間でのトラブルとなったものである。「御年貢米諸役等ハ毎年上納仕候証文之義茂、名主伝右衛門其外組頭衆迄茂入御覧、去卯年四月中御願申上候得共、今以名前御直し無之」と太田役所へ訴えたものであった。[20]これら三つのトラブルはいずれも結末は不明である。長期にわたって証文もとらず、また名義の書き換えも行わない等、今日の経済的常識では想像も出来ないことである。たしかに様々な事情があったものと考えられるが、過酷な御用金要請に応じなければならず、そのためにも経営基盤の強化が求められており、これらの事件は向後七郎兵衛が豪農経営を成立させていく過程に起こった事件であった。

注

(1)前掲伊勢家文書「当辰御年貢米目録」(明和九年十二月)
(2)前掲伊勢家文書「去巳年当年榊原先納金勘定御屋敷御書付写」(安永三年十二月)
(3)前掲伊勢家文書「当申年榊原様御用掛諸色覚帳」(安永五年正月)
(4)前掲伊勢家文書「覚」(安永四年閏十二月)
(5)前掲伊勢家文書「榊原様御用金拾ヶ年賦払方目録帳」(安永六年十二月)
(6)前掲伊勢家文書「相渡し申手形之事」(元文三年十二月二十五日)には「十八年以前丑年御隠居七郎兵衛殿より被下」との文言がある。
(7)前掲伊勢家文書「当戌先納御年貢御返金米割附帳」(安永七年十二月)
(8)前掲伊勢家文書「丑年貢皆済之事」(天明元年十一月)
(9)前掲伊勢家文書「請取申金子之事」(天明五年十二月二十五日)
(10)前掲伊勢家文書「状」(天明五年十二月)
(11)前掲伊勢家文書「乍恐以書付御窺奉申上候」(寛政元年六月)
(12)前掲伊勢家文書「差上申御請一札之事」(寛政二年正月十三日)
(13)前掲伊勢家文書「乍恐以書付奉願上候」(寛政二年十二月)
(14)前掲伊勢家文書「先納金証文之事」(寛政四年正月)

(15) 前掲伊勢家文書「地代金扣日記」(明和四年十二月)
(16) 前掲伊勢家文書「寅ノ年地代金勘定帳」(寛政七年二月)
(17) 前掲伊勢家文書「当未年金銭出入覚帳」(寛政十一年一月)
(18) 前掲伊勢家文書「願書」(文政十二年十二月)
(19) 前掲伊勢家文書「乍恐以書附奉願上候」(天保三年九月)
(20) 前掲伊勢家文書「乍恐以書附奉願上候」(天保八年十月)

六、おわりに

弘化四年（一八四七）の所持面積三六町九反六畝二三歩、取米高二四九石九斗七升五合五夕、万延元年（一八六〇）は四一町八反三畝四歩、二四〇石八斗二升三合九夕、慶應三年（一八六七）は三八町三反歩、二七四石三斗七升二合九夕であって、幕末は小作収納がほぼ安定している。(1) また慶應三年の金銭出入の状況を見ると、出金は一、四五四両二分三朱と銭一七一貫九〇二文である。その内訳は領主への上納金四一八両二分、一般貸金四二三両一分と銭二〇貫二一一文、頼母子講等の掛金が七二両三分と七八〇文、麦・大豆買入代一〇両三分と一六文、村交際費五五両一分二朱と三四貫三三九文、これと関連する酒肴代七両三分と五六貫二四八文、用水費二〇両一分二朱と三二〇文、農業経営の肥料代二七両一分二朱と五貫四六五文、また給金は二八両二分である。さらに様々な寺社等に勧化しており、それが三三両一分と一貫九三二文あった。借入金の返済は二四四両二朱と二貫一九七文であり、生活諸費が一一二両三分二朱と四九貫九七五文である。この支出に対して入金は一、〇三五両二分二朱と一六五貫文であった。それは米代売却によるものが六九七両三朱と一五六貫文であり、なかでも銚子米商人五字藤左衛門・菅谷太郎右衛門・田辺屋栄吉等から二七二両一分二朱と一五六貫文、また榊原氏の売却分一七二両一分が中心となっていたのである。(2)

椿新田には幕末に所持高一〇〇石を越える農民は万歳村、清瀧村、鎌数村、あるいは琴田村等に存在してきている。しかし所持高の大きさだけでは歴史学的には決して豪農と云えるものではない。(3)向後七郎兵衛は享保～元文期には数十町歩を所持し、その経営は小作人を七〇人以上も使っていたけれども不安定そのものであった。銚子荒野村の宅地を取得して、地代金収入を計る等ということは商業的感覚がなければ出来るものではない。彼は小作経営だけに依拠するのでなく、名主役に就任し、村内を取り纏め、領主の信頼を受けて苗字帯刀の特権を得ることで、さらに結びつきを深めて年貢米の地払いを行っていた。しかもその米の一部は地代金徴収役をしていた銚子商人大坂屋へ売却すると云う在郷商人的性格を備えていたのである。慶應三年（一八六七）の金銭支出では地域金融の働きをしていた頼母子講や積金講に積極的であり、交際費や勧化費には豪農の特性を良く表している。また万延二年（一八六一）には村内の西と八幡丁の両地区での困窮者たちへ夫食米二八俵を貸し出していたが、これも豪農の条件の一つであろう。このような豪農条件を備えるようになったのは文化期以降のことであると考えられる。寛延三年（一七五〇）の所持面積が二五町歩余、それが明治六年（一八七三）には四〇町三反歩以上に、(4)そして冒頭の大正十三年（一九二四）調査では五八町歩となっていたのであるが、この近代の成長については後日に追究したいと考える。また近代に登場した椿新田内の対照的な大地主である岩瀬為吉家との比較研究も今後合わせて行いたいと思っている。

注

（1）前掲伊勢家文書「田畑小作附御年貢割合帳」（弘化四年十月）、「当申田畑小作帳」（万延元年十一月）、「当卯小作取立帳」（慶應三年十月）

（2）前掲伊勢家文書「金銭出入帳」（慶應三年一月）の集計による。

（3）拙稿「揖保川流域における豪農経営の成立」（千葉経済大学短期大学部研究紀要第二号）、二〇〇三年、一一二頁で豪農の条件を示しておいた。

（4）前掲伊勢家文書「当酉小作取立帳」（明治六年十一月）この帳簿に限らず、これまでの小作付帳等には一切地位が記載されていない。一反六斗三升が取米の基本であった。また「田一ヶ所」と面積のないものもある。明治六年の場合はそれが五二か所もあるので、正確な面積は把握出来ない。

第三章　銚子干鰯商人による大地主の形成

岩瀬利右衛門家の椿新田進出

一、はじめに

一九七〇年代に入って、近代地主制史研究は、それ以前の幕藩体制のもとで生成してきた延長線上にあるものとして研究してきた視点を大きく転換させ、「地租改正を歴史的起点として、資本主義と地主制の同時進行的形成がすすみ、かつこの異質の両ウクラードが一九〇〇年代に独特の結合関係を完成する、この点にこそ確立期日本資本主義の構造的特徴が認められるばかりでなく、実は地主制そのものの日本的特徴がある」と主張する中村政則氏の一連の業績に代表されるように[1]地主制の本質を資本主義と切断せずに関連づけて把える方法が発展してきている。しかし中村・安良城両説に見られるように、近代日本地主制の成立・確立の時期をめぐっては論争が展開され、必ずしも共通理解が存在しているわけではない[2]。

安良城説では「大地主の土地面積は、明治二十年代初頭において基本的に完了し[3]」、それ以後は単なるその量的拡大であるとしており、また中村説では「地主制を資本主義の不可欠の構造的一環としてとらえ、かつ資本主義と地主制とを経過的な統一においてとらえようとするかぎり、地主制は資本主義の確立過程に併行して、明治三十年代に確立するとした方がはるかにわかりやすいのではないか[4]」としているが、前者の量的拡大説に対しても、また後者の産業資本確立即地主制確立説においても、地主制独自の成立・確立の根拠が弱く、肯しがたいものがある。この問題を克服するためには、この時期の地主制研究の一層の深化と豊富化が必要とされているものと考える。

ところで千葉県の地主制の地帯構造を位置づけると、東北日本型の水田単作中心となるものであるが[5]、その地主制史研究は究めて乏しい現況である[6]。

ところが明治二十〜三十年代において、小作地率が安房郡に次いで県下で低く、小作地率は三〇％〜三五％しかなかった海上郡において一〇〇町歩余の地主が出現しているのであり、その地主である岩瀬利右衛門家は、地租改正以前の地主的系譜を全く持っておらず、また大正十三年（一九二四）六月の農務局調査による「五十町歩以上ノ大地主」によれば[7]、全国（北海道を除く）二、四九三戸の大地主の中で、水田自作地が五二町歩を占めていたのは、岩瀬家だけであるという、特異性を持つ水田耕作地主だったのであるが、この岩瀬家の一〇〇町歩地主への成立過程を取り上げ、地主制史研究上の課題に迫りたいと考える。

注

（1）中村政則『近代日本地主制史研究』（東京大学出版会、一九七九年）中村氏の所説の現時点における集大成ともいうべきものである。
（2）シンポジウム日本歴史17『地主制』（学制社、一九七四年）一一七頁、地主制と資本主義。
（3）安良城盛昭「日本地主制の体制的成立とその展開」（思想五八二号）
（4）永原慶二・中村政則・西田美昭・松元宏『日本地主制の構成と段階』（東京大学出版会、一九八二年）五一七頁。
（5）前掲安良城盛昭論文（思想五八五号）
（6）丹羽邦男「千葉県における五〇町歩地主の形成」（日本農業発達史別巻下所収、中央公論社、一九五九年）。拙稿「千葉県の地主制」（千葉県議会史第二巻所収、一九六九年）。木村伸男「千葉県地主制の形成と展開」（千葉県の歴史2、一九七一年）
（7）農務局「五十町歩以上ノ大地主」（『日本農業発達史』7所収、中央公論社、一九五五年）

二、松方デフレと公売処分

岩瀬利右衛門家が後に一〇〇町歩地主として進出してくるところは、海上郡琴田村（旭市）を中心とした干潟八万石といわれた水田地帯である。

ところで、香取、海上、匝瑳の東総三郡は明治八年（一八七五）に新治県から千葉県へ編入されると、明治九年一〇月から地租改正のための土地の地位等級調査が開始されている。この調査によって、鎌数、新町、春海、琴田、高生などの新田地帯では、明治八年の地租と比較すると、大幅な増額が行われた。とくに琴田村では一五九％余の増額であった。(1)

この増額の根拠となったものは、土地の地位等級が高く評価されたことによるものであった。これに対し、琴田

村では明治十年（一八七七）十二月から「地位等級降級願」の運動が展開されている。(2)

琴田一帯の地価が高く評価されたのは、近世中期以降において石盛が低かったのに対し、生産力の向上のもとで農民の利益が多く、土地売買の価格が他地域より高かったことの反映によるものであった。(3)

農民の地価修正運動は、折からの自由民権運動と結びつき、この地域から民権家を育てることとなったが、一方、県当局は地価修正に応ぜず、農民側は「地価に不公平なるが故に、明治十一年より明治十五年迄、地価修正請願中地租は近傍各村の衡平を得たる地租に比較振合して上納(4)」してきたが、明治十七年（一八八四）の地租条例の改正によって、明治十八年から地券を交付される段に至って、それまでの納入不足分が「五千円程に至り、これに九、十両年の追徴金を合するときは、殆んど七千円(5)」にものぼろうとするものであったという。匝瑳郡郡村惣代として海上、匝瑳、香取三郡の地租改正事業に活動した加瀬正蔵の日記によると、「明治十九年三月三十一日、未納人（田租五期分）厳々督促スルト雖モ、相残分一時公売調書面ヲ認」と当時の松方デフレ財政の影響も絡まって、公売処分が強行されていった状況が知られる。(6)

地租未納に対し公売処分が強行される中を、「鎌数村椎名伊平ニ於テ、検事香取氏、土地購求ノ義ニ付、周旋相願度義ニテ、旅宿先へ来ルニ付、書面案内等致ス」とか、「香取検事ゟ公売地引渡ノ義、代人申来ニ付、鏑木筆生、大松両人案内為致候」と、公売処分執行の当事者である八日市場裁判所の香取新之助検事が、自らの耕地購入に歩いていたのである。(7)

香取新之助は茨城県鹿島郡根三田村出身で、「明治二十一年五月二十九日　鎌数村字二番　田二反五畝二十五歩　香取新之助へ公売払下げ(8)」と公売地を購入し、明治二十一年頃には「昨年（明治二十年）までに引続いて公売に処分された地所数十町歩なりしが、八日市場裁判所検事香取氏は頗る勧業熱心家にして、該地所を悉皆一手に買受け、広漠たる田面の周囲に堅固なる堤防を築き立て、中央に数棟の牧農場を建築」したのであった。[9] 香取新之助がどれだけの耕地を手に入れたのか分からないが、明治二十五年に香取が岩瀬家に九一町八反三畝余の土地を質入れしていることから考えると、九〇町歩を超える土地を一括して入手したものと思われる。

香取家がどのように地主経営を展開したのかは、管見の史料では分からないことが多いが、明治二十五年（一八九二）一月三十日に作成された「地所改良小作除幣実施命約書」[10]によると、小作不許可の者として、「第一、小作不納者ニハ入附ベカラサル事、第二、小作証書々入耕作セズシテ苦情ヲ申ス者ニモ入附ベカラサル事、第三、一ヶ所中耕ス所モアリ、耕カサル等ノ不都合アル者ニモ入附ベカラサル事、第四、境界ヲ拡メ物欲ヲ恣ニスル者ニモ入附ベカラサル事、第五、一人ニテ多町歩ヲ小作受致シ而、コレヲ甲乙丙丁ニ又作為致候者ニモ断ワリ、可成入附ケサル様可致事　第六、一家ノ人数不相応ニ入附ベカラサル事」と六か条を挙げ、入附者の精選としては「第一、精農丹精者ニシテ小作地一反歩ニ付、金二円余之出金スル者　第二、出金スルコト不能者ニハ四番割乃至千五百番台ニ使、高生堺之横割ハ一反ニ付壱斗五升増ニテ且身元アル保証人二人以上可相立候者ニ限リ可申事、但場所ニ依テハ壱斗増ニ可取計　第三、三番割ハ一反ニ付壱斗増ニ而前条之通リ保証立候事、但場所ニ依而ハ協議之上、三升ヲ減スルコトアルベシ　第四、荒地開墾致ス者及地味モ不宜、耕作ニモ不都合ナル所ハ出金不要、又幾分カ減スベキ事　第五、不得止出金ヲ不要耕作即小作セントス者ニハ比度拙者ノ指図ヲ受可取計事　第六、改メテ出金トセサルモ相当家損モ在之方法即金円ヲ借用シ又ハ其他何レノ方法ナリトモ小作者ニモ出金スル場合ニ於テハ夫ニテモ小作入附可申事　第七、出金小作者ハ二月、三月中ニ取極ル者ニ限リ、出金ハ一回又ハ二回、三回ニテモ不苦事、但三月卅日限之事、但可成二月中ヲ以テ〆切申度候事　第八、出金者ニシテ貨幣ニ代用スベキ米穀其他ノ物品ヲ以テスルモ互ニ現金ト可相成モノハ受取可申候事」と詳細に規定している。

そして香取家の小作人は一六〇人を超えていたと考えられるが、それらの小作人たちは二人の支配人高木六郎兵衛（琴田、高生、後草、江ヶ崎、太田、袋、三川、足洗、野中、神宮寺地方）と戸村太郎兵衛（新町、入野、米込、清和、関戸、万歳、溝原地方）が取り仕切っていたのである。[11]また「第六条、比度集会徒党致シ、対当家迷惑相掛ル心得之者ニハ仮令如何之儀申出ルモ一切反対申間敷事　第七条、仮令集会徒党ノ論議スルモ対当家悪意ナキ者ニハ小作為致候而モ不苦候事[12]」と小作争議対策が講じられていたことが注目されるものである。

小作料については「二番割三番割は一体ニ一反歩ニ付四斗以上トス（中略）高生堺ノ横割三番ト四番割トハ皆四斗五升以上ノ事[13]」と決めていたが、これは「堤防ヲ築キ且ツ用水ヲ引ク等ノ工事ヲ為シテ土地ヲ改良スルノ費用トシテ小作敷金又ハ附米ヲ増スコト」の名目が含まれていたものであった。[14]

二名の支配人に対しては「支配人命約書[15]」が植付や肥料買入について一五か条にわたって定められているが「高野太郎左衛門ゟ買入即借入之干鰯三百俵ハ当分八日市場地方ニ貸付候ニ付、受取次第此分ハ八日市場ニ取扱シ夫々貸付ル事」と干鰯を肥料として貸付けることを規定し、秋田地方には二百俵、琴田、高生、清滝地方には四百俵、鎌数地方に百俵内外としていた。

かくして香取新之助は松方財政のデフレ政策が進行する中で、司法官僚の身を転じて公売処分の干潟耕地とくに地価修正問題で地租未納が多額に及んでいた琴田地方を中心に、九〇町歩を超える土地を買入れて、大地主形成の道を歩み出そうとしたのであった。しかし香取家の地主経営は「牧農場を建築し、まさに穰々たる稲禾の刈入に取かかるは近きにある由、尤も得失相償うや否やは予言すべからず[16]」とすでに明治二十一年（一八八八）九月の段階で指摘されていたことであったが、果たせるかな香取家の地主経営は行きづまってしまったのであった。香取家の地主経営の破綻については、香取新之助が衆議院議員へ出ようとして借財したことによるものとか、[17]また「北海道行雇入給金払渡約定証書」[18]が明治二十六年（一八九三）六月一日に発行されており、香取新之助が北海道根室国根室郡根室町花咲一丁目一八番地に寄留していたことなどから、北海道開拓の資金のために干潟耕地の土地を借用金の抵当に入れたものであるとも伝えられている。[19]折しも明治二十五年当時、印旛郡本埜村の吉植庄一郎は連年の印旛沼の洪水のため疲労困憊の極に達した村民四七戸を引連れ、北海道石狩国雨竜郡の地六〇〇〇町歩を政府から貸下を受けて移住開墾事業に打ち込んでいるが[20]、香取新之助も洪水に苦しむ琴田地方をあきらめ、北海道開拓に転換しようと考えたことは十分考えられうることであった。いずれにしても香取家の直接の破綻原因は必ずしも明らかでないが、香取家は岩瀬利右衛門家に対し、初めて明治二十四年に土地を書入として六三〇円の借用、明治二十五年には土地の書入れや小作米引当でもって三、二五〇円余を借用していたのであり、急用の何らかの資金を必要としていたことは疑いのないところであって、そしてこの岩瀬家への借財が地主経営崩壊の契機となるものであった。

注

（1）明治九年「改正摘要」（旭市史第一巻、六四六頁）
（2）明治十年「地位等級丁号表降級御願」（旭市史第一巻）、六七九頁。
（3）琴田村の喜右衛門は二町四反余の土地を所有する農民であったが、明治十七年に村内の一町七反余の土地を一、〇〇〇円で購入している。（旭市史第一巻、一五二頁）
（4）（5）「地租年賦金に関する請願」（東海新報明治二十二年十月十九日）
（6）「日誌弐」（加瀬繁家文書）
（7）「日誌肆」明治二十年五月二十九日と同年七月三日の項（加瀬繁家文書）
（8）明治三十年「登記簿謄本」（岩瀬利助家文書）
（9）「香取氏の牧場」（東海新報明治二十一年九月五日）

(10)(11)(12)「地所改良小作除幣実施命約書」(岩瀬利助家文書)
(13)「小作米約定書」(岩瀬利助家文書)
(14)明治三十五年「小作米減額願契約証」(岩瀬利助家文書)「明治弐拾五年中前地主香取新之助ガ堤防ヲ築キ且ツ用水ヲ引ク等ノ工事ヲ為シテ土地ヲ改良スルノ費用トシテ小作敷金又ハ附米ヲ増スコトノ名ヲ以テ其前迄は壱反四斗内外ニ候ヲ現今ノ如キ小作米ニ引上ゲ候テ香取氏ハ其工事ヲ為サズ」
(15)明治二十五年「支配人命約書」(岩瀬利助家文書)
(16)前掲東海新報明治二十一年九月五日。
(17)「衆議院議員立候補の予想」(東海新報明治二十二年五月一日)
(18)明治二十六年「北海道行雇入給金払渡約定証書」(岩瀬利助家文書)「貴殿事実川儀平殿之保証ニテ当方へ雇入候ニ付明治廿六年六月壱日ヨリ凡ソ□□月間雇入一ヶ月ニ付金五円ト相定〆金此度五円ハ正ニ相渡候処実正也、跡残金之義ハ貴殿ヨリ差入候証書通リ帰国之上精算致シ速ニ皆金払渡可申候、尤北海道勤場ニ於テ無拠必用有之節ハ、又其時々応分ニ相渡可申候」(雇主香取昭平、受人香取新之助)
(19)明治二十九年六月十二日の千葉地方裁判所八日市場支部の「判決書」での原告後見人香取新之助の住所は北海道根室国根室郡根室町花咲町一丁目一八番地寄留とある。
(20)『千葉県本埜村誌』(大正五年)

三、岩瀬家の新田取得

岩瀬家は「銚子港の市中に在りて元は海産物商を営みしが、二十余年前(明治十年代)資本を農家の資金に放流して」(1)と自ら認めているように、海産物や米穀の売買を行う荒野村の商人であった。

かつて銚子湊では廻漕の途中で生じた濡米などを仲買に引取らせており、この仲買を〝穀仲間〟と呼んでいたが、安永四年（一七七五）の段階では荒野村東組四一、同村西組四一、今宮村三九、新生村一三、飯沼村二〇の一五四人であったことが知られ、岩瀬家がこの〝穀仲間〟として登場するのは、宝暦十二年（一七六二）に荒野村西組三五人の一人の岩瀬源兵衛を祖とし、天保六年に分家したものであり、幕末の当主は利右衛門であった。ところで、〝穀仲間〟は濡米などを地払いするだけの商行為を展開していたのであろうか。彼等は濡荷の中でも奥州産の海産物は利根川を遡上って、関宿を経由して関東農村の山間部にまで積送っていたが、濡米などの穀物類は銚子湊周辺～九十九里漁村へ売捌き、その返り荷物として〆粕、干鰯、魚油を入手し、やはり関東農村へ積送る商売を行っていたのである。岩瀬家が仲買として近世に於いてはどの程度の商いをしていたのかは必ずしも明らかでない。

文政十二年（一八二九）三月から八月までの記録によれば、魚粕一、五四二俵、干鰯三五俵、魚油一三三樽と五四本を関宿干鰯問屋の染谷禄左衛門へ積送っていた。恐らく他の仲買と同じく既存の流通ルートにのせていたものと考えられる。

維新期の状況を見ると、浜方の〆粕、干鰯商人には前貸金を渡し、網主には米穀類や漁業資金の貸付を行い、返済はいずれも〆粕や魚油の現物で受取って貸金と相殺勘定を行っており、明治七年（一八七四）の集荷状況では〆粕三、七四〇俵、干鰯二、一七二俵、魚油八二三樽と二七本であった。一方、これらの網主に前貸する米穀類は、仙台米、南部米などと銚子湊で払米となったものが漁村に入っていたが、明治七年の岩瀬家の米穀買入状況をみると、土浦商人から直接買入れている米麦が四四・七％で、常州産の米穀類は魚肥買集めに重要な位置を占めていたのであり、明治八年の店卸帳では九、六九二円五八銭九臨一毛の利金があった[2]。そしてこの岩瀬家の商人としての性格は明治十年代、同二十年代の前半に至っても基本的に変わることがなかったのであった[3]。

ところが明治二十三年（一八九〇）十二月二十二日に「琴田村鈴木伊七より渡し代金六十一円入金[4]」と干潟耕地

への進出を示す動きがあらわれ、明治二十四年三月には琴田田地買受分登記料を支払っており、同年六月には琴田地所の地租第六期分として一円一九銭八厘を納入している。[5] この地租納入額より考えてみても、まだ岩瀬家が干潟耕地へ本格的に進出していなかった状況を知ることができるであろう。

ところで前項で述べたように、香取家では小作農に〆粕や干鰯を貸付けたのであるが、これらの魚肥は海産物商人高野太郎左衛門から買入れていたのであり、この高野に対して岩瀬家では干鰯水名金貸等の形で魚肥生産の資金を貸付けていたのであって、明治二十四年（一八九一）には岩瀬家は高野太郎左衛門を通じて香取家へ四〇円の用達金を貸付けていたのである。[6]

しかし、この高野を通して開始された岩瀬家と香取家の金銭貸借関係は明治二十六年六月三十日に香取家が干潟耕地での所有地九一町八反三畝二〇歩を岩瀬家に質入れすることによって八、六八三円を借入れたことから、この返済をめぐって両者の間に一〇年に及ぶ抗争が展開することとなった。この質地代金をめぐる抗争は岩瀬家が干潟耕地へ一〇〇町歩地主として成立する上で、政治的にも経済的にも極めて重要な契機となるものであったから、その経過を紹介しておこう。

香取家は明治二十六年から二か年間の期限で質代金を借入れ、同時に岩瀬家に対し「地所質入金円貸借公正証書」（Aとする）と「地所質入特別契約公正証書」（Bとする）の二つの契約を結んでいたのであった。

返済期限となっていた明治二十八年（一八九五）六月三十日の直前である六月二十四日に香取家が八日市場裁判所へ明治十二年（一八七九）改正の地所質入書入規則第五条の「質入又ハ書入ノ地所期限ニ至リ貸主借主相談ノ上云々」[7] を根拠に、期限がきてから両者の相談の上でもってはじめて所有権移転が可能となるものであるから、Aの第六条「質入期間中ハ何時ニテモ質置主ハ之ヲ受戻シ、質取主ハ質代金ヲ受取リ、之ヲ返地スルモノトス　然レトモ期限即明治弐重捌年陸月参拾日経過ノ後ハ質置主ハ其受戻権能ヲ失フヲ以テ猶予ナク該地所ヲ質取主名義ニ書換ヘ所有権ヲ移転スル事」は、違法の契約であると主張し、期限内は何時でも受戻できるものであるのに岩瀬家が応じないと訴えたのであった。これに対し岩瀬家はAの第六条を根拠に所有権の移転を求めることと、質代金八、六八三円とこれに対する利子と租税の全額を香取家に求めたところ、香取側は質代金八、六八三円だけの返済で質地を取戻そうとして、これはBの第二条「毎年其年分ノ利子及税租見積リ金額ヲ其年拾壱月参拾日限リニ質置主ヨリ質取主ヘ悉皆払込タル上ハ則チ質地ノ小作米所得ヲ質置主ヘ質取主ヨリ小作取立ノ手続ヲナシ相渡ス事」の契約に違反すると訴えたのであった。

明治二十九年（一八九六）六月十二日に八日市場裁判所の判決が下ったが、それは「実際授受シタル質代金八千六百八十三円ヲ受取リ、被告ヨリ返地シ」と被告であった岩瀬家が全面敗訴となったものである。当然に岩瀬家は控訴した。明治三十年三月三十日の東京控訴院判決では「質代金ノ利子ヲ支払フノ義務アルコトハ（中略）Bノ第一条（中略）利子ヲ質置主ヨリ質取主ニ払フ場合モ亦明治二十六年七月一日ヨリトストアル文詞ニ依リテ明瞭ナリ（中略）已ニ此ノ元金ニ利子ヲ生スルモノト確定スルトキハ質置主ハ元利ノ金額ニ於テ債務ヲ負フ者ニ付キ必スヤ元利ヲ合セテ弁済ヲ為スニアラサレハ質地ノ受戻ヲ為スヲ得サルモノトス」の判決要旨で原告の岩瀬家を全面勝利とするものであった。今度は香取側が上告したのである。しかし、明治三十一年（一八九八）二月二十三日に出された大審院判決は上告を棄却し、岩瀬家の全面勝利を認めたものだったのである。(8)

判決では「本按地所ハ不動産質ニシテ質地其モノハ被上告人ニ於テ之ヲ占有シ、其果実ヲ収益シ即チ小作米ヲ取得シアルモノナリ、而シテ其質代金ノ利子ナルモノハ唯其小作米ヲ上告人ニ於テ取得セント欲スルトキ初メテ支払フヘキモノ」と規定したが、これは岩瀬家のみならず、質取者側の権能を明確にしたものとして画期的なものであったといえよう。

さて敗訴が確定した香取側に対しては、明治三十一年十月に地所競売の申請が債権者渡辺国松から裁判所に提出された。それによると請求目的は惣合筆三四九筆、此反別七二町四反二畝五歩、此見積金が一万八、〇〇〇円であった。[9] この見積金の内訳では岩瀬家分の「八、六八三円モ明治二十六年度ヨリ同三十年度迄五ヶ年分凡五千俵余ノ小作米ヲ岩瀬ガ取置クヲ差引計算セバ、質取人岩瀬ニ仕払フベキ分ハ無之趣ニ候、然レトモ本行ニ付テハ、暫ク八、六八三円ヲ現存スルモノト看做ス」というものも計上されてあったが、その他は藺　吉五郎への書入分六四〇円、北川安左衛門への書入分五〇七円余、大久保昭二への書入分七二〇円、久松勝慈への書入分五〇〇円、渡辺元吉への書入分二、〇二八円、渡辺国松への書入分一、八〇〇円と仮差押命令額七五〇円などを見積ったものであった。そして裁判所は同年十月二十一日に請求申請のあった地所に対し強制競売手続を開始したのである。

岩瀬家は干潟耕地について明治三十三年（一九〇〇）九月には仲浜喜助から一町八反六畝二六歩を、同三十五年三月には往古尚吉から二町一反二畝二歩を、同月に大久保昭二から一〇町六反八畝五歩を、また同年六月には香取任平から二一町三反九畝一五歩を、そして同月に香取文子から三七町二反三畝二四歩を買入れているのであり、[10] 同年八月十七日に香取家と岩瀬家が和解をした時点で岩瀬家は九一町八反三畝二〇歩をほぼ取得したと考えられる。[11]

注

（1）明治三十八年「小作是実践録」第壱号（岩瀬利助家文書）
（2）明治八年「店卸帳」（岩瀬利助家文書）
（3）拙稿「維新期の東総における魚肥流通構造」（海上町史研究一九）

(4)(5)(6) 明治二十三年「当座帳」(岩瀬利助家文書)
(7) 地所質入書入規則(明治十二年布告第七号ヲ以テ改正)
(8)「大審院民事判決録第四輯第二巻」三七頁
(9) 明治三十二年「香取文子・香取任平地所競売書訳」(岩瀬利助家文書)
(10) 明治三十五年「土地強制競売並ニ取消決定証」(岩瀬利助家文書)
(11) 明治三十五年「御受書」(岩瀬利助家文書)「訴訟係争ノ琴田・高生・清滝ノ土地九十壹町八反参畝弐十壹歩ハ拙家純全ノ所有ト相成申候」

四、一〇〇町地主の出現

岩瀬家の明治二十四年(一八九一)より同四十一年(一九〇八)までの金銭出入帳を整理してみると表1の如くとなる。入金の部では、貸金の元利返済金が大きな比重を占めているのであるが、次に注目されることは、明治二十四、二十五、二十六年まで全体の二〇%~三〇%を占める干鰯・〆粕等の売上金である。明治二十八年以降急激に低下しているが、これは東京、関宿方面への売捌が激減したことのあらわれであった。一方、穀類の売上代金が明治二十九年より増加するのは、明治二十九年六月の段階で香取家の小作料取立を岩瀬家が行うことに決着がついていたことを反映しているものである。

一方、出金の部でも貸金が大きいが、明治二十五年で地所購入金に一、二九六円余が支出され、同三十一年にも一、三八七円が出金されていた。銀行の利用については明治二十三年の段階から知られるのであるが、活用するようになるのは、明治三十一年からである。大審院判決を勝ち取り、地所購入を促進するにあたって銀行の活用は極

表1　岩瀬家の金銭出入　（単位：円）

	総計	入金					
		元利	〆粕売金	穀類売金	その他	旭事務所	銀行
明治	円						
24	16,005.595	8,913.473	3,449.139	598.009	3,044.914		
25	23,162.873	12,772.144	5,978.748	329.382	4,083.599		
26	17,911.951	9,211.141	5,637.936	448.951	2,613.922		300.00
27	10,348.395	7,969.753	927.710	598.765	852.167		
28	14,712.517	5,469.734	251.645	702.002	8,289.106		
29	12,085.606	8,424.649	19.334	2,070.028	1,571.605		
31	23,350.928	6,366.760		1,542.148	7,007.561		8,434.559
32	24,531.431	9,750.373		2,689.693	4,593.239		7,498.106
33	28,076.980	12,283.448		5,756.230	8,256.982		1,780.320
38	15,027.524	6,929.535	1,258.411	2,894.661	1,525.165	2,175.695	244.057
39	40,330.580	16,680.816		6,258.756	6,351.805	6,839.240	4,199.963
41	40,107.078	13,927.283	5,283.680	7,791.210	2,664.120	8,191.98	2,238.805

	総計	出金					
		貸金	漁業支出	その他	穀類買金	旭事務所	銀行
明治	円						
24	15,396.502	9,335.394	2,946.53	2,499.023	594.555		
25	20,506.118	13,959.785	3,727.967	2,701.739	116.637		
26	16,890.154	8,679.038	4,952.655	3,242.706	15.755		300.40
27	8,220.969	4,163.471	858.313	3,019.352	179.833		
28	15,715.568	1,782.05	40.00	13,974.638	218.86		
29	9,056.874	4,251.84		4,805.034			
31	22,330.860	6,393.180		7,695.795			8,241.885
32	17,838.882	5,362.70		5,164.089			7,312.093
33	27,394.152	19,466.136		4,994.373			2,933.643
38	13,505.832	6,161.53	1,051.20	2,333.372	118.325	4,857.705	35.00
39	44,324.460	19,084.653	4,923.032	8,733.023		4,923.032	6,660.72
41	24,590.051	9,119.045	8,090.00	3,869.506		1,932.50	1,510.69

めて効果的なものであったといえる。

ところで岩瀬家は干潟耕地外の地域では海上村芝崎を中心に一一町八反五畝五歩を取得していたが、そこでは六〇人の小作人へ経営をまかして小作米を明治二十八年まで穀類売上として入金していた(1)。

しかし「明治二十六年度ハ岩瀬ニ於テ香取氏ヨリ質地ニ取リタル初年ニシテ、其節小作人中ニ派ニ分レ、甲ハ岩瀬へ小作証書ヲ差入レ、乙ハ然セズ香取氏

表2　明治36年　岩瀬農場旭事務所の金銭出入状況　（単位：円）

入金総計	小作者からの元利	小作米代金	肥料代入金	銚子から	その他
15,426.478	9,745.064	1,390.362	624.10	920.00	2,746.951
出金総計	小作者への賃金	土木工事費	公課	銚子へ	その他
14,397.730	9,964.406	857.617	217.049	2,237.13	1,121.558

へ小作米ヲ納メタルモノニシテ」[2]と干潟耕地の小作米取立は混乱し、その上「香取氏は小作者を迷唆して小作米の取立を妨げ、廿九年度の同盟滞納となり三十年、三十一年の立稲刈り分けとなり、変じては廿六年度、廿七年度の滞米取立となる等、多事多難当時訴訟事務に繁しく小作米取立の寛なるに乗じて滞納をなすもの続出して、三十四年度までに小作者に六千余円の怠納負債を醸したる」[3]という極めて不安定な状態であった。

しかし明治三十五年（一九〇二）六月の香取家との和解は岩瀬家の地主経営の展開を本格的に促すものとなったのである。「香取氏トノ訴訟モ右之通リ勝訴平和ト相成申候、此段辱知諸君ニ謹告シ、併テ御配慮ヲ蒙リシ御方ニ奉鳴謝候、尚又右訴訟係争ノ嘤鳴村、滝郷村ノ土地ハ当家純全ノ所有ト相成申候条小作者諸君ハ御安慮ノ上耕作精励可被成、今般小作附規則ヲ定メ、興農勧業賞罰厳明ノ方針ヲ以テ取扱申候、依テ左ニ告示申候也」[4]と同年十二月一日に「琴田土地小作取扱規定」を定め、翌三十六年三月一日には「琴田地小作者心得細則」もつくって小作人一九〇名に誓約させている。[5]

この地主経営の本格的展開にあたっては「小作施政を執り具に艱難を甞め、辛苦と戦いてケンキウ調査せし処に基きて、戦後経営（訴訟和解後）として従来の小作者悪風俗を改正し、産内の改良発達を図る為め小作是を定め」[6]、その小作是には明治三十六年より五か年の七大方針の経営事業を追求することが揚げられていた。またこの経営事業を岩瀬家の商業活動から独立採算制をもたせるために、「岩瀬農場旭事務所」として会計制度も別立としたのである。表2は明治三十六年の金銭出入状況を示したものであるが、小作者への貸金の出入が圧倒的である。肥料代入金は小作者に苗代肥料の資金を無利息で貸付けることを奨励しており、その返金を示すものであって、この年の小作者による利用率は八二人で四九%であった。「銚子」との出入は岩瀬家の商業活動からの資金の出入状況であって、決して持ち出しとなっておらず、旭事務所の経営は小作者に依拠して採算経営が行われ出したことを示しているのである。

明治三十八年三月三十日に明治三十五年末より同三十七年末までの二か年間についての『小作是実践録』第一号が発行されている。

小作是七大方針の実践は㈠小作者救恤として滞納米年賦償却法、継続小作特別割引恩恵法、軍人優待、天災救助、農具肥料無利息貸与、本田施用過燐酸の施与　㈡改良耕作の励法としては耕耘、田植、除草等の労働毎に飯米の恵与　㈢土地改良としては道路、水路、橋掛、耕地区割改正、客土補助、夫役補助、土地交換売買　㈣小作農民の教導としては毎年各戸経済調査、撰種と苗代の検査、立毛比較会の開催、試験田の設置、農事講習生への補助、図書閲覧と事業視察、小作農談会の開催、農業教師巡回、害虫駆除　㈤農具改良としては紀念農具の送与　農具の無料貸付　㈥米質改良としては小作米品評会の開催、ヲダの奨励、ヲダ材料の無料貸与　㈦移住者奨励では小作特別割引、積蓄利殖法と経済監視等が行われていたのであり、その具体的な成果を見るならば㈠耕作地の拡大では明治二十六年度が九六町八反余の内、可耕した土地は七一町八反余（小作人一六六人）で七四%にすぎなかったものが、明治三十七年度では一〇〇町歩の内九五町六反余（小作人二四三人）で九六%に拡大していたことであり、㈡苗代肥料無利息貸付では明治三十五年度が利用者四五人、二五一円余であったものが同三十七年度では一八七人（小作人の八〇%）、一、〇六一円余と普及しており、㈢万能鍬での田耕報償制では報償米一反につき白米一升を恵与された者が明治三十六年度一番耕二二七人、二番耕一二九人、三番耕六人であるのに対して、同三十七年度では一番耕二三三人、二番耕一六一人、三番耕四七人であった。

この成果に地主経営の自信を得た岩瀬家では明治三十八年度に際し、㈠小作家族への金鳶勤章の手拭恵与　㈡過燐酸本田肥料の施与　㈢新規小作人募集　㈣農事教師の招聘　㈤小作農事会の各部落設置　㈥婦女話農会の開設　㈦実地講習会郡農会の設立　㈧農業経済の指導　㈨実業視察　㈩養豚奨励　⑾老農家訪問の一一の新事業を実施することにした。

明治三十八年度施設事業費報告[7]によれば、小作勧業費三、一九五円五五銭、租税一、二四一円三〇銭　事務費九〇八円一三銭の支出があり、小作米による収入が五、八五三円一九銭で、差引五〇八円二一銭の黒字であったが、ここには小作人への貸金の収入は一切入っていないので、実際の収支はもっと多額の黒字となっていたものと考えられる。

この小作勧業費は二九項目にのぼる諸経費の支出が書き上げられているが、その支出額の四〇%を占めるものは水旱予防用本田肥料過燐酸恵与費（四七四円三〇銭）耕地区画改正及道路堤防整理費（三五七円九六銭）橋梁架設費（一七四円一一銭）水閘造営支出（一二八円五銭）稲架設置費（八八円五〇銭）水番費（四九円九〇銭）と干潟耕地特有の水旱害対策に用するものであった。

「明治二十六年は水旱害にて八分作、二十七年は旱害にて三分作、二十八年は豊作、二十九年は旱害九分作、三十年は風水害三分作、三十一年は旱害五分作、三十二年は風水害八分作、三十三年は旱風害八分作、三十四年は平作、三十五年風水害五分作、三十六年は水害五分作、三十七年は旱害九分作[8]」と不安定な耕地状況で「目下琴田沖耕地ノ道路、川路修築ノ工事ヲ起シテ水利行通ヲ整理シ、又干潟排水路新川川岸ニ蔓生ノ莿ヲ刈リ、水流除害工事ヲ起スヲ計画シ、自費ヲ支弁シテ公共ノ利益ヲ図ラントノ意ニ候、但シ旧来ノ川路道路修築ノ上ハ新土木事業モ起ス計画(9)」と地主経営を安定化させるためには用排水を管理する土木事業が大きな比重を占めていたのであった。

岩瀬農場旭事務所主任として地主経営を取りしきっていた岩瀬為吉は明治三十八年十一月「今春郡衙ヨリ当郡ニ於ケル明治初年以来ノ米麦変遷調査ノ嘱命ヲ受ケタルニツキ(10)」と『明治米麦変遷誌』を書いているが、その米麦改良の結論として「第一、耕地整理ノ先決トシテ各地ノ道路水路ノ崩壊閉塞ヲ旧復セシメ、第二、害虫駆除ノ先ニ各地水田ニテ蛙子、蜻蛉虫其他益虫、益魚ヲ保護スルニアリ、第三、短冊苗代ノ先決トシテ各地苗代附近ノ溝池ノ浚渫雑草刈ヲ行ハシムニアリ、第四、改良作ノ講話ニハ肥料配合ノ事ヲ簡易的ニ説ク、第五、種子塩水撰ヲ行フニ先チ、農村子弟ノ悪風俗ヲ矯正スルタメ若者団体ヲ改造シ教育家ニ監督権ヲ与フルニアリ、第六、正条植ヲ行ハンニハ農事教師ノ巡回ニ洋服ヲ廃シ農労働服ヲ着シテ巡回シ、耕耘挿秧ヲ実地教育シ、愚昧ノ農民ヲ帰依セシムルニアリ、第七、協同苗代ノ勧誘ニハ水利研究会ヲ組織セシメ水利共同ノ利ヲ教導スルニアリ、第八、婦女農話会、地主会、農村是調査、各村農事教作物品評会ニ先チ、精農・特(篤)農ヲ旌表スルニアリ」と八項目を主張しているが、これらのことは、小作是実践の成果を土台にしたものであった。

注

(1) 明治二十四年「田畑下作附帳」(岩瀬利助家文書) 海上村芝崎、三宅、高野等の所有地を何時入手したのかは明らかでないが、明治二十三、同二十四年に買入れているものがあることから、恐らく明治十年代後半のデフレ期に買入れたものと思われる。

(2) 明治三十五年「琴田土地小作取扱規定」(岩瀬利助家文書)

(3) 前掲「小作是実践録」第壱号

(4) 前掲「御受書」

(5) 明治三十六年「琴田地小作者心得細則」(岩瀬利助家文書)

(6) 前掲「小作是実践録」第壱号
(7) 明治三十九年「小作是実践録」第弐号（岩瀬利助家文書）
(8) 前掲「小作是実践録」第壱号
(9) 前掲「御受書」
(10) 明治三十八年「明治米麦変遷誌」（岩瀬利助家文書）

五、おわりに

香取新之助が公売処分となった耕地を買集めて九〇町歩を越す大地主となったのは明治二十年代の前半のことであるが、土地を所有したからといって地主経営が単純にできるものではなかったのである。香取新之助は検事から転身したものであるが、「地所改良小作除幣実施命約書」を作成して地主経営につとめたけれども、地所改良の土木工事の資金にゆきづまり破綻してしまった。地所を購入する資金だけでなく、地主経営を展開するに必要な資金を予め用意できるものでなくては、一〇〇町近くに及ぶ経営は維持できない。このことが香取家の失敗と岩瀬家の成功の基本的な相違点である。広大な耕地を入手すれば多額の小作料収入があることから地主経営が維持できると考えるのは机上の空論であって、それは香取家の失敗が見事に証明しているであろう。しかしその岩瀬家も明治三十一年（一八九八）の大審院判決を勝ち取るまでは、地主経営が法的には安定していなかったのであり、まさに国家権力の法的保護がなければ決して一〇〇町歩地主が成立しなかったのである。

岩瀬家が銀行や鉄道あるいは国債に資金を投入しているが、それは小作収益を資本に転化しているものではあるが、明治二十年代から三十年代に於いては大きな比重を占めるものではない。むしろ商業活動の収益を地主経営に投入する形で一〇〇町歩地主の成立を支えたのであった。

岩瀬家は「明治参拾八年度岩瀬利右衛門農場小作者左ニ記ス人名ハ今回改良耕作ノ実行ニ付キ、地主岩瀬家ヨリ小作田地壱反歩ニ付キ、過燐酸参貫五百匁此代金五拾五銭ツツ肥料ノ小作田地へ入レルニ貰ヒ受ケ候(1)」と化学肥料の活用を小作人へ義務づけているが、岩瀬家が魚肥を扱う商人であるにも拘らず、その魚肥の取扱いを減少させても地主経営の安定化をはかるために化学肥料の導入を促進していたことは一〇〇町地主の成立に期待することがどんなに大きなものであったかが想像されよう。

ところで岩瀬家は干潟耕地の地質や生産力をどのように把えていたのかと見るに「地質はドロ概ね深厚にして多量の有機物と少量の塩分を含み肥沃でありますので、古来肥料を施せしことなく植付けた侭で平年は一石、豊作には時々二石余の収穫がありましたが、排水灌水の設備なく耕耘は誠に麁雑にして古来未だ人工労をせず、収穫を天運に任せて居り(2)」としていたのであって「築堤悪水落堀区画ノ改正等種々ノ土工ヲ加ヘタル結果漸ク立毛ヲ見ル田地トナリ(3)」と地所改良さえすれば美田となるという考え方に立ち、またその実践を果たしたのであったが、このような土木工事は所詮、一地主の尽力で解決できるものではなかった。明治四十三年（一九一〇）の大洪水を契機に岩瀬家は干潟耕地の用排水問題解決に奔走し、やがて国家権力による解決を求めて県会そして帝国議会への進出を企ててゆく。しかしながら、岩瀬家の大正・昭和期の地主経営の展開と衰退過程については他の機会にふれることにしたい。

注

（1）明治三十九年「過燐酸受取ニ付キテノ契約証」（岩瀬利助家文書）。明治三十八年では一七七人の小作者へ二、九二二貫二〇〇匁を貸与している。
（2）前掲「小作是実践録」第壱号
（3）明治四十四年「貸金所得額ニ部弁済現在所得額貸倒所得欠損一覧表」（岩瀬利助家文書）

岩瀬為吉家の地主経営

一、はじめに

明治二十年代後半には、いわゆる治水三法をはじめ、土地改良事業を推進するための一連の法律が制定されており、それらは地主制の成立期を象徴しているものとなっている[1]。

しかし明治三十年代に入っての地主化の進展は、それらの諸法が現実と合わない状況を生み出していた。その一つは区画整理を中心とする耕地整理法であった。大地主にとっては区画整理による増歩や労力節約のことよりも、小作料収取の基礎となる収穫の増大と安定さが保障される耕地整理を要求していたのである。

水田経営における生産力上の最大の課題は用排水事業の整備であったが、当時最も大きな農業災害となっていた水害対策のために、また湿田から乾田への新しい農業技術の変革を準備するためにも耕地整理事業は大規模な用排水土地改良事業へ転換が求められていたのである。

けれども用排水事業がより大規模な河川改修や治水工事と結びつけばつくほど、在村中小地主の負担力ではまかないきれないものとなり、耕地整理事業の大規模化で関係耕地面積が拡大すればするほど、群小の在村地主の政治力では支配統轄しきれないものとなっていたのであり、それに代わって事業を支配し、推進することのできたものは、県庁や郡役所など地方権力と結びついた大地主の力であり、さらにその背後にあって明治四十三年（一九一〇）からの勧銀、府県農工銀行を通じての預金部資金の貸付など国家投資をはじめ、各種の技術指導や近代的諸施設の整備に本格的にのり出した政府の力であったのであり、耕地整理法は明治三十五年（一九〇五）そして明治四十二年と全面的に改正されざるをえなかったのである。

ところで同一耕地における用水問題は当然のこととして排水問題と不可分に結びついているものであるから、排水対策は同時に用水対策でありえたのであるが、明治政府の関心は治水にあっても、利水には極めて薄く、その施設も貧弱であり、農業用水の内容そのものについては、ほとんど新しい法的規制を加えず、これを慣習のままに放置し、慣習法を通じて司法的コントロールを加えるにとどまっていたといわれており、このため各地で深刻な水争いが繰り返されたものであった(2)。

このような時勢のもとで、千葉県の東総三郡に拡がる干潟地域へ進出し、一〇〇町歩に余る耕地を所有していた地主が自己の経営を確立するために、どのような地主経営を行っていたものであったのか、また政府の利水政策軽視に対して用排水事業を如何に統一して解決しようとしていたものであったかという点を明らかにすることによって、地主制確立期の問題を明治三十～四十年代に限定して追ってみたい。

注

（1）暉峻衆三『日本農業問題の展開』上。一八九六年に河川法、一八九七年に森林法、砂防法が制定され、治水三法といわれているが、その他に一八九六年勧銀法、府県農工銀行法、一八九九年耕地整理法が地主主導のもとに制定されている。

（2）渡辺洋三「農業関係法」（『日本近代法発達史2』所収）

二、椿新田の小作状況と岩瀬家

干潟地域はかつて椿新田といわれた東西一二キロ、南北六キロに及び、香取・海上・匝瑳三郡に跨がる広大な水田単作地帯である。

明治四十二年の小作地率を見ると、全県平均四八・七%に対し、干潟地域は四三・五%であって決して高い地域とはいえないが、三郡の中ではいずれも郡平均を上回っていて、東総地方では小作地化の進んでいる所であった[1]。岩瀬家が干潟地域へ進出してくる経緯については前項で明らかにしてあるが、それは明治二十六年（一八九三）のことである[2]。

九〇町歩を超える耕地を一括入手するが、その後数年間にわたって前所有者と法廷で争い、大審院判決に勝訴して所有権が最終的に確定したのは明治三十五年（一九〇二）であった[3]。

岩瀬為吉家の干潟地域を中心とした土地所有状況を示したものが表1である。

嚶鳴村、滝郷村、旭町、共和村、古城村の一町四か村が干潟地域に該当し、水田所有では九五・四%にあたる一〇八町二反三畝一八歩を占めていたのである。嚶鳴村全体の小作地は二三八町歩であるから、岩瀬家一戸だけで四一%の小作地を所有していたことになる。

岩瀬家は香取・海上・匝瑳の三郡にわたる四町一三か村で土地所有をしていたものであったが、岩瀬家が地主経営に全力を注いだのは干潟地域に対してであり、また土地所有の状況そして史料の存在状態から本章では干潟地域の問題だけに絞って扱っていくことにする。

干潟耕地に一〇〇町歩を超える土地所有をしていて、小作米の収納状況はどのようであったかと見るに、明治三十三年が小作米四四〇石二斗九升三合、この内引方米八〇石三斗九升六合で納米は三五四石九斗七升四合であり、

表1　明治44年（1911）年時点の岩瀬家土地所有状況

村名	大字	田（畝）	畑（畝）	宅地（坪）	山林（畝）
嚶鳴村	琴田	9,790.28	18.03	661	
〃	高生	43.19			
滝郷村	清滝	245.29			
旭町	網戸	488.24	294.09	342	469.15
共和村	鎌数	71.14			
古城村	秋田	182.24			
	小計	10,823.18	312.12	1,003	469.15
銚子町	荒野			340	
〃	今宮	5.26	10.29		
本銚子町	飯沼		33.08	150	129.10
西銚子町	長塚		8.21		305.08
海上村	芝崎	245.21	616.05	265	950.06
〃	三宅	22.22	75.20		
〃	高野	167.15	120.12		
高神村	高神	1.20	40.10		7.24
豊浦村	小川戸	38.12	3.08		
〃	三崎				22.05
豊岡村	塙	14.06	22.13	486	29.26
舟木村	高田			1,070	
三川村	三川		66.12		
鶴巻村	蛇園				180.28
栄	掘川	26.08	33.03	83	
〃	栢田	3.04			
匝瑳村	宮本			22.12	
	小計	525.14	1,053.03	2,394	1,625.17
	合計	11,349.02	1,365.15	3,397	2,096.02

注）岩瀬利助家文書より作成

明治三十八年では小作米四四一石五斗、引方米一五石八斗一升で、納米が四二五石三斗九升と、後述するように経営方針が刷新されて引方状況こそ少なくなっているが、小作米は殆んど変化がない[4]。

明治四十四年の所得調査によれば「海上郡嚶鳴村大字琴田ノ田地九拾七町九畝廿五歩ハ御税務署ニテ所得調査ノ結果、劣地御斟酌有之候通リ御税務署所管無比ノ下等田地ニシテ、拾年前迄ハ草刈

表2　明治44年（1911）の岩瀬為吉家貸金状況　（単位：円）

登記所地名	総計貸金	一部弁済金	貸倒元金利殖セザル欠損分	利殖スベキ元金	所得額
荒野登記所	4,912.30	1,215.00	2,274.300	1,973.00	228.50
旭登記所	2,730.611	172.00	643.111	1,915.50	288.19
矢田部登記所	600.00			600.00	90.00
阿波登記所	900.00			900.00	108.00
合　　計	9,142.911	1,387.00	2,917.411	5,388.50	714.69

注）岩瀬利助家文書より作成

場ニテ有之候モノヲ届出人ノ相続人ニ於テ其開墾ヲ企テ、築堤、悪水堀、区画ノ改正等種々ノ土工ヲ加ヘタル結果、漸ク立毛ヲ見ル田地トナリシコトニシテ、目下其事業半途ニ在ルヲ以テ、其管理費ヲ要スルコト珍無類ニシテ、小作米ハ豊作ニハ壱反歩四斗五升乃至六斗ヲ納メシムル」とあるように、岩瀬家の干潟耕地の土地は殆んどが劣悪地であった。[5]

明治四十二年の県下平均の一反歩当りの収穫高が一石六斗三合であり、嚶鳴村のそれは一石九斗四升二合で県下平均を上回るものであったが、これらの五〇％を小作料と考えると九斗七升一合となって、岩瀬家の小作料よりはるかに良い状況を知ることができる。

嚶鳴村は海上郡の中でも明治三十八年から明治四十二年の平均収穫高を見れば、一七か町村中第一五位という低生産力地帯であったのであり、その中で最も劣悪地に土地所有していたのが岩瀬家である。[6]

岩瀬家は前掲表1に示した土地所有の他に表2の如く貸金所得のあったことが知られている。

なおこの年の第三種所得決定金額は五、一六八円であった。[7]

注

（1）「千葉県統計書」（明治四十二年）

(2) 拙稿「維新期の東総における魚肥流通構造」。(海上町史研究一二)。海上郡荒野村穀中買仲間の一人であり、穀類を銚子、九十九里浜等の網主へ貸付け、干鰯や〆粕を入手して上州や常州に売捌いていた商人出身である。
(3) 拙稿「水田単作地帯に於ける一〇〇町歩地主の成立」(『東国の社会と文化』所収)。松方デフレ期に八日市場裁判所検事の香取新之助は公売処分を強行しながら干潟耕地を物色し、九〇町歩を超える土地を入手すると退官して香取農場を経営したが、経営破綻から岩瀬利右衛門に土地質入れ等によって借財し、その返済をめぐって訴訟となり、明治三十一年二月に大審院判決で岩瀬家が勝訴したが、両家の和解が成立したのは明治三十五年八月十七日のことであった。
(4) 「嚶鳴・滝郷小作付台帳」(岩瀬利助家文書)以下断らないかぎり同家文書使用。
(5) 「所得調査(明治四十四年)」
(6) 前掲「千葉県統計書」
(7) 「通知書(明治四十四年)」

三、岩瀬為吉の小作経営方針

明治二十七年(一八九四)に岩瀬家が小作人との間に結んだ地所小作証書の内容をみると、㈠小作米上納は十一月二十一日限りに上米で納入すること、㈡金納指示の時は世間普通上米の相場で行うこと、㈢滞納の時は保証人が弁納することの三条件があるだけで、近村地主の小作証書の内容と大差のないものであった(1)。

しかし香取家との訴訟に事実上の勝利を納めた明治三十五年(一九〇二)二月に、それまでの未納滞者を整理する目的で小作米減額願契約書を六三人の小作人と結ぶが、そこでは従来の方針に加えて旧十一月晦日までに皆納する者には向こう五年間一反歩に付、小作米を五升ずつ減額することと、小作人も川浚いや土〆人夫を無償で行うことを義務づけていた。

これは岩瀬家が従来の小作経営から転換し出す最初の動きであった。(2)

この年、東京法律専門学校を卒業した岩瀬利右衛門の長男為吉が帰郷し、(3)明治三十六年（一九〇三）からは干潟耕地にある岩瀬農場の事務主任となって小作経営一切を取り仕切るのであるが、その方針の基礎となったものが、明治三十五年十二月一日制定の琴田土地小作取扱規定と翌年三月一日につくられた小作心得細則であった。前者では㈠同盟して減額要求することの禁止、㈡延滞者には年二割の利息米を取ること、㈢土木工事の義務人夫への扶持米支給と応じない者への罰則、㈣小作契約違反等の四点が強調され、後者では㈠稲の品種の指定、㈡皆納者への苗代肥料代の無利息貸与、㈢土肥投入、三番草取、肥料試験等には扶持米支給や半額補助、㈣天災時の引き方、㈤植付状況の報告義務等が定められてあった。(4)

さらに「当家ノ所有地ニ小作ノ為メ移住スルモノハ左ノ特別ノ取扱ヲ為シ、土地改良並ニ身代ヲ保持セシムルヲ以テ目的トス」との移住者規定を制定して小作人の確保をはかっている。(5)

明治三十六年、三十七年には「奨励告示」が小作人へ配られ、苗の種類、田植前の草取状況、田植の日時、田の草取の状況等の調査が行われ、調査用紙の紛失等には米五合徴収のペナルティが課せられるものとなっていた。そして明治三十七年七月には稲作試験田の観覧会への招待状が配布されているが、岩瀬為吉は自ら試験田を設定して稲作研究を行っていたのであり、同年八月配布の「来年の農業改良につき、小作諸君への謹告」では、㈠水旱害の予防には用排水の工事が必要であること、㈡急応の救済方法として㈦苗代に過燐酸を用いること、㈧植付前に過燐酸とワラを入れること、㈨早く植付を行うこと、㈩耕地にはタテ、ヨコに道、水路、畦畔をつくること、㈪鬼萱を繁茂させることの五点を強調し、㈢来年度からの改良方法として㈦全小作地へ過燐酸を投入する、㈧耕地に稲番人を置く、㈨道路水路の修繕、㈩小作地合併と土地交換等を予告していたが、これは明治三十六年の干潟耕地の水害の経験と稲作試験田での実践をまとめたものであった[6]。

これらの一連の実践活動を総括するものとしてつくられたのが明治三十八年（一九〇五）三月発行の小作是実践録第一号である[7]。明治三十八年から岩瀬家の小作地では一反歩に三貫五〇〇匁の過燐酸が投入されることとなったが、それは岩瀬家から無償提供されるものであった。しかしその代わりに、岩瀬事務所で検査済のワラを一反歩に一〇〇把ずつ投入し、過燐酸投入から三日以内に耕耘することなど一一項目にわたる契約証が交わされたのである[8]。

同年九月には「告示」が配布されたが、その中では㈠小作米俵のこしらえ方、㈡稲運搬時間の指定、㈢稲株は地面より五寸ずつ上げて刈ることの注意、㈣稲干の心得、㈤翌年の種籾、田地に投入するワラの注意、㈥西洋肥料の分配、㈦改良万能鍬の奨励、㈧魚漁業者が田へ入ることの取締り等二四項目が指示されてあり、念願であった耕地見廻りの請願巡査の配置の実現が知らされてあった[9]。

また同年三月からは干潟耕地だけで二〇〇人を超える岩瀬家の小作人に対し、小作協会組合規約書をつくり、飯岡町小作者組合以下一四組合を組織し、それぞれの組合には組長と一、二名の助役が組合員の選出によって置かれていた。そして明治三十九年二月には、その組合毎に組合員が連署して小作契約追補事項承認証を岩瀬家へ提出している。それによれば「岩瀬利右衛門殿農場事務所ニ於テ事務主任者が我等小作者ノ救済策ヲ熱心ニ御研究御考案下サレテ御発布相成リ候事ニテ一言一句皆ナ小作者ノ精勤ヲ奨励シ、悪風俗弊害矯正諸般ノ事務整理改良ヲ図ル為メニ制定セラレ候モノニ付キ、右ノ小作規約并ニ之ニ基キテ発スル事務所ノ命令ハ政府ノ法律命令ト同ジク各々遵奉シテ収穫ヲ増シ国益ヲ図ル事ニ勉強可仕候」とあり、「小作者ハ報徳ノ義務」として㈠請願巡査の上納金三〇〇円、稲番人給料等一〇〇円の合計四〇〇円のうち、半額を小作者負担とすること、㈡岩瀬家で訴訟勝利記念として小作人への一反歩に五升ずつ減額してきた分は「此ノ時局増税ニ付キ（略）明治卅九年度ヨリ以後ハ豊作ノ年ニハ小作米ト共ニ右割引補助ヲ受クル額ヲ事務所へ納メ積立テ備荒貯蓄」にすること等六項目を契約していたのである。しかしこれは日露戦争を契機に昂まった国家主義的風潮を岩瀬為吉が巧みに利用して小作支配を強化したもののあらわれであった[10]。

この小作支配の強化を反映して改定されたものが、明治三十九年から登場する土地小作証書であるが、それは前述の明治三十六年のものとは大きく異なっていた。とくに㈠地主の小作地引上げの通告期間は三か月間から一か月前へと短縮され、㈡小作の返地申請は水田の場合、従来は十月から十二月三十日までの期間となっていたものが、七月一日から九月三十日までとなって、容易に小作人が自己の都合で返地できないように改められたことであり、㈢岩瀬家の指示する改良方法を実行する誓約事項が加えられ、それを怠った時には一反に付五升の附加小作米の上納が決められていたことである[11]。

そして明治三十八年から三十九年にかけての小作経営の総括として発行されたものが、明治三十九年三月三十日付の「岩瀬農場小作是実践録」第弐号である。この実践録には明治三十八年度の施設事業費報告（小作勧業費）が掲載されており、それを示したものが表3である[12]。

この年の小作米代金が五、八五三円一九銭、それに請願巡査費用の内の小作人からの義損金一〇〇円を加えて、総収入が五、九五三円一九銭に対し、租税一、二四一円三〇銭と事務費九〇八円一三銭を小作勧業費に合わせて総支出とすると、差引六〇八円二〇銭三厘の余剰金となる。小作勧業費の内で四〇%を占めるものは水旱対策費であり、非常に負担の大きなものであったが、干潟耕地の中で最も水旱損の被害に遭い易い所に岩瀬家の所有地があったため、この負担を減額できないのであり、そのため明治三十九年三月には岩瀬家の小作人二一〇人に対し、詳細な家計支出調査を行い、分限に応じて農業資金を低利息で貸付ける勧農貸付法を採用することで、小作経営に耐え

られる小作農を精選しようとしていたのであった。(13)

ところで明治三十九年は水災があり「地主一般ノ大凶作ニ付キ、其救助方法ヲ立ツルニ際シ、各地小作者ノ意見ヲ請願セシメタルニ、大凶荒ノ為メ人心迷ヒ乱レ居リ」という有様であったことから岩瀬為吉は「地主ハ百町歩ノ田地三十九年度一ヶ年ノ小作料ヲ四十年度ノ小作者救助金ニ供スルニ依リ、小作者ハ総代ヲ六名公撰シテ整理委員ニ任ジテ、其委員ノ任意ニ小作料ヲ取立テ、四十年小作者救助ノ予算ヲ編成スルコト」を指示したのである。そこで六名の委員は小作地を一筆毎に調査し、一反歩平均五斗以下の収穫地は、平均五升を下げる毎に十分の五ずつを累減してゆき、二斗未満は全部無年貢としたのであったが、そのため小作米収入は二、四〇四円六九銭にすぎず、これから租税九二〇円を除いた一、四八四円六九銭が㈠延期小作者の救助金四一五円九五銭五厘、㈡小作者総代組長協議費一七九円八〇銭、㈢小作者病災救助金三〇円、㈣土肥補助金二〇〇円、㈤手近小作者保護金一二〇円、㈥試作地費二〇円、㈦貯水排水管理費一〇〇円、㈧農具農舟稲架費一

表3　明治38年（1905）の小作勧業費

項　　目	金額（円）
軍人優待費（救助小作米施与）	248.36
天災救助・貧農小作救助費	73.36
継続小作恩給費	207.93
種籾撰注意費	20.47
苗代肥料無利息の損	75.00
苗代注意費	18.50
田耕・田植・除草・客土補助費	412.48
試験作地費	76.76
郡農事講習生補助費	9.00
小作者義務人夫費	72.80
小作米品評会費	49.67
小作者会合費	30.25
水番費	49.90
稲番及び保安費	285.366
農具改良費	61.50
稲架設置費	88.50
耕地区画改正及び道路堤防整理費	357.955
水閘造営支出	128.054
橋梁架設費	174.11
移住者農奨励下与費	96.806
精勤賞与費	10.25
水旱予防用本田肥料過燐酸恵与額	474.307
小作農事会費	136.44
養豚奨励利息費	6.45
小作地外苗代肥料特別利息費	33.33
合　計	3,195.557

注）岩瀬利助家文書より作成

〇〇円、(九)義務人夫弁当費七五円、(一〇)即納地賞与費九六円、(一一)予備支出金一五〇円九三銭へとすべて投入されて地主の得分は一円もなかったし、従来からの耕作救助制度も停止せざるをえなかったのである。[14]

しかし耕作救助制度停止状況の中で耕作調査を行ったところ、地主から注意を受けない精農が三分の一、注意を受けて耕作する中農が三分の一、再三注意するも資力が弱いために困難を重ねている貧農が三分の一も存在することが分り、明治四十一年から小作者総会の賛成を得て小作人の程度に応じて救助方法を設けることにしたのであった。それは「小作者ヲ救助小作者、普通小作者、独立小作者・壱年小作者ノ三等ニ分ケテ、各本人ノ志望ヲ申込マセテ、事務所ニ於テ取調ノ上ニ其等級ヲ定ム」というものであった。[15]

さて明治三十五年以来、様々の小作経営を展開してきたのであったが、地主にとって経営安定にどれだけの成果があったと受けとめていたものであったのであろうか。また地主の最も恐れていたことは何であったのであろうか。「其地主ガ営利ヲ離レテ救助金ヲ支出シテ、農事ノ改良ニ尽力スル程ニハ小作者ハ感ジテ精励セズ、一年凶作ニ際セバ歎願ノ声ヲ大キクシテ、小作規約ノ定法以外ニ小作米ヲ減少スルコトノミ力メ希ヒテ、凶作ノ回復トシテ耕地改良ニ力ムルコトノ奮発心ヲ起スモノ少キ傾アリ、殊ニ斯ク多年ノ道徳交誼ヲ忘レテ小作規約ヲ無視シテ、雷同返地ヲ申込ミテ、地主ノ手作セザルニ乗ジテ小作料ノ軽減ヲ図ルモノアリ」と悲観的な見方をしており、何によりも共同謀議による土地返還を恐れていたのであった。

しかし岩瀬為吉の経営方針では「水災旱損サヘナケレバ、資本多ク要セズニ、壱反歩壱石六斗以上ノ収穫アリテ、良キ手間ニ当ルコトナレバ、第一ニ其水災損害ヲ防グ堤防道路水路ノ工事ト、第二ニ水番事務ト、第三ニ漁猟取締保安事務ニ力ヲ入レテ、耕作物ノ災害ヲ除クコトコソ小作者ヲ保護スル第一ノ急務ト信スル」として、その事務を行うために干潟耕地の中央に事務所を設置し、小作人に代わって朝夕耕地を見廻ることを行ったのである。それは

「田ノ耕作ヨリ稲刈始末ノ稲架ニ至ルマデ世話ヲ為スモノニシテ、耕地ヨリ出デタル所得額ヲ拾年間特別会計トシテ、耕地ノ改良、小作者ノ保護ヲ図ルコト」が目的であったからである。(16)

注

(1) 同時期に海上郡滝郷村で田畑一一町四反五畝二〇歩を所有していた木内欽次郎の「小作証」では「我等下作申請（略）年々十一月二十日限リニ前記ノ附米二石四斗ツツ正ニ相送リ可申候、万一期日ニ至リ本人差支候上者証人ニテ引受弁償仕候」とあり、岩瀬家と大差なく、木内家は明治二十三年から明治四十三年にかけて小作証の内容が変化していない。
(2) 「小作米減額願契約書（明治三十五年）」
(3) 岩瀬為吉は明治十四年四月二十五日に生れ、明治三十五年に東京法律専門学校を卒業後、岩瀬農場の経営を行い、大正八年県会議員に当選、昭和二十三年十二月二日六七歳で歿しているが、この間、干潟土地改良に尽力し、大利根用水事業の完成には大きな影響を与えた人物である。
(4) 「琴田土地取扱規定」（明治三十五年）、「小作心得細則」（明治三十六年）
(5) 「移住者規定」（明治三十六年）
(6) 「来年の農業改良につき小作者諸君へ謹告」（明治三十七年）
(7) 「明治参拾五年末乃至明治参拾七年末実施事蹟　小作是実践録第一号」の概要は拙稿前掲論文参照。
(8) 「過燐酸受取ニ付キテノ契約証」（明治三十八年）
(9) 「告示」（明治三十八年）
(10) 「小作契約追補事項承認証」（明治三十九年）
(11) 「土地小作証書」（明治三十九年）
(12) 「岩瀬農場小作是実践録第二号」（明治三十九年）
(13) 「経済調査申告書」（明治三十九年）は二一〇人の小作人の自作・小作地、納税状況、家族構成、本業・副業、経常支出費内訳、前年度収入内訳、他金主への借財状況等詳細に調査している。

(14)・(16)「小作規約講義」(明治四十一年)
(15)「小作者待遇等級綴」(明治四十一年)

四、用排水事業への挑戦

明治三十六年六月二十日は降り続いた雨で干潟耕地は水没したかの如くになってしまった。岩瀬家では六月二十九日から七月五日まで義務人夫二一〇人を動員して西琴田荒川より七間堀を経て新川鎌数元締橋までの莿刈りを行ったが、その一方で同家の小作人たちに耕地整理施行を呼びかけた。しかし賛同者はわずか四名の有様で失敗に終わっている。「耕地整理ハ各所有土地ノ合併、分配ニ面倒ニテ、当村ニハ未ダ時期ガ早クシテ実行ニ困難」と岩瀬為吉が述べているように改正前の耕地整理法では干潟地域の課題の解決に効果を発揮するものではなかったのである。(1)

この耕地整理提案失敗のあとの二か年間を岩瀬為吉は前項でみたように小作経営の刷新にウエイトを置いてきたのであったが、明治三十八、三十九年の二年続きの水害の中で再び干潟耕地の排水問題に取り組むこととなった。岩瀬農場主任である岩瀬為吉はまず当面の水災対策として新川に企てられる大毒網《ダイドク》の取り締りを提起した。(2)明治三十九年七月二十八日から十月十四日まで七九日間を「万歳村ト岩瀬家ニ於テ協議ノ上、隔日ニ主任者二名ト人夫八人ツツヲ新川ニ巡視ニ出張シテ大毒網征伐ヲ行ヒタリ」と巡視活動を行っているが、前年から配置された請願巡査の主要任務もこの大毒網の取締りにあったのである。しかし取締っても密漁者は跡を絶たず、またその密漁者の多くが貧農層であったことから、警察署でも本格的に取締ることがなかったため、岩瀬為吉は明治三十九年十月二十二日に旭分署長を名指しで激しく批判した上申書を知事へ提出している。[3]

もちろん漁業取締りだけでは問題の根本的な解決にはならなかったことから、明治四十年三月に岩瀬為吉は嚶鳴村灌水排水設計意見書を発表した。その概要は第一章嚶鳴村水災旱損ノ原因、第二章低地水災予防法、第三章嚶鳴村旱損予防法、第四章改良工事経営方法、第五章事業の利害関係の参考、第六章改良事業に因りて得る利益等からなるものであったが「連年被害ノ惨状ニテ水災ヲ恐ルルノ余リ、排水ニハ注意スレトモ旱天ニハ貯水ノ時機ト思フ際ニモ水災ノ難ヲ慮フ容易敏速ニ排水路堰止メヲ行ヒ難ク愈々旱魃ノ迫ル際ニ漸ク堰止ヲ為スニ因リ時機ヲ逸シ其効果薄ク旱損ニ罹ルナリ」と原因を正しく把握するにいたっていたのである。[4]

そしてこの認識に基づいて耕地整理を嚶鳴村の人々に呼びかけたのである。その耕地改良規約書では「所有土地ノ合併・分配ハ暫ク見合セテ水災・旱損予防ノ堤防ヲ築クコトト水路ヲ幅広ク掘リテ悪水ト用水囲ヒノ方法ヲ施スコト」を提起し、「工事ハ一切岩瀬ニ於テ受持チテ行フコトニシテ、費用ハ参加土地所有者へ割賦分ハ一切寄附シ、費用ノ取立ハ為サザル事ニ特約ス」としたのであったが、充分な賛同者を得るにはいたらなかったのである。[5]

前項で述べてきたように、明治三十九年の水災では岩瀬家の収益は皆無であったし、耕地改良が思うように進展しない状況から、新川排水路修理に全力をあげる以外にはなかった。

明治四十年六月に岩瀬為吉は一一七名の農民とともに新川改修を請願している。この請願に際して岩瀬為吉は「新川修理ニ関シ応急的災害予防法趣旨説明書」をつくり、その中では㈠河身を直流に改める ㈡流量を敏速にする ㈢川床を平らにする ㈣橋杭をなくし、釣橋にする ㈤沿岸土揚場は保安林に編入し、土砂の枠止めを行う ㈥惣堀を浚掘する ㈦溜池荒廃を修理する ㈧新川に一、〇〇〇間毎に扉式の水門をつくる ㈨水利組合を結成し、水利管理を行う ㈩新川両岸に通行道路をつくり、水利巡視人の便をはかる ㈩㈠水路魚漁取締法をつくり、新川で

表4　干潟耕地及び新川の浚渫工事動員数

	干潟関係村々人夫数	岩瀬家独自人夫数	備考
	人	人	
明治36年	2,427	773	水害
〃 37〃	2,219	110	豊作
〃 38〃	404	548	水害
〃 39〃	1,329	395	水害
〃 40〃	907	380	豊作
〃 41〃	1,522	720	水害
〃 42〃	7,027	2,923	水害
合計	15,529	5,549	

注）岩瀬利助家文書より作成

の漁業取締りを行う等を「根本的水利改良法」として新川下流沿岸地域の人々へも提示して賛同を呼びかけたのである。[6]

けれどもこの提案は明治四十一年一月に下流沿岸地域の人々によって新川排水路修理抗拒請願が出されることで何ら前進を見ることもなく頓挫してしまったのである。

この間、表4で見る如く、水災が繰り返される中で、岩瀬為吉は干潟耕地及び新川の浚渫工事に干潟関係村々と共同で、あるいは単独で小作人の義務人夫を動員していたのである。

明治四十二年五月には干潟関係一六か村の代表が集まり、新川を干潟地域から川口まで浚渫するための協議会を開き、八月十四日から二十五日までの間に四、五七八人を動員したが、その大工事に際して岩瀬為吉は万歳村の柴田光造とともに新川工事委員に選出されたのである。[7]

新川下流沿岸地域では、この改修工事に反対し、岩瀬為吉を名指しで批判する請願を知事に行った。県庁では㈠岩瀬為吉が土揚場の土を持ち去ったこと、㈡岩瀬為吉の新川浚渫計画の概要等について三郡の郡長へ問い合わせを行ったが、嚶鳴村長の県庁への答申は岩瀬為吉が執筆し、そこでは再度、根本的水利解決方法を開陳している。[8]

明治四十一年四月に水利組合法が制定されたことから、明治四十二年十二月に万歳村外七か村では県庁へ普通水利組合設置の具状書を提出した。翌年二月に郡長代理が出張してきて組合創立委員の内命を出すところまでとなったのであったが、その後、県当局が握りつぶして進展をみせることがなかった。

そのような中に利根川の大氾濫などをもたらしたところの未曾有の水害が干潟地方も襲ったのである。密漁者たちには絶好の機会であり、大毒網が横行し、干潟耕地全体で六四か所の仕掛け場所ができたという。そして明治四十三年十月十七日に大毒網事件が勃発した。それは密漁者を捕らえた万歳村区長代理の日敷竹松外一〇数名が暴行傷害で取調べを受け、なかでも日敷竹松は㈠密漁者を不法に捕縛したこと、㈡傷害を与えたことで予審判に付され、予審判では傷害罪は免訴となったが、不法捕縛の件は公判に付されることとなった。そこで万歳村では訴訟費用を区費負担とすることにしたが、日敷支援に最も尽力したのが岩瀬為吉であった。獄中の日敷へ送った手紙が残されているが、それには「安政の大疑獄に因りて王政維新の端緒を開きし如く貴殿の冤獄は干潟同腕村々の惰眠を醒覚致し、今や県庁当務者の因循姑息机上行政の信頼すべからざるを認め、（略）水利組合速成期成団は地方の有力者を網羅して発起人となり、治水事業堅忍不抜に運動開始申候（略）月の濃霧散消するを待つ様に気長に御構へて獄中は読書に依りてのみ慰の御事と存じ、左の書籍を差入所へ托し申候、(イ)二宮先生の報徳教訓三冊 (ロ)干潟開墾事略一冊と水理編一冊 (ハ)農業講義録四冊」とある。日敷は岩瀬家の小作人であったが、明治三十九年には小作地三反三畝歩であったのに、明治四十四年では五町四反一五歩を借地する有力小作農であり、岩瀬為吉の経営方針を体現していた一人であったのである。(9)

明治四十三年の大洪水と大毒網事件は干潟地域の人々を結束させることとなり、同年十一月には干潟治水会が結成され、代表委員には元代議士の鈴木儀左衛門と万歳村長の花香伝右衛門が選出され、岩瀬為吉は治水事務調査員に任命されて、水利組合設立のための啓蒙活動を担当することとなった。

明治四十四年三月に岩瀬為吉は干潟治水研究報告書草案を起草しているが、そこでは「目下我国ノ農業ハ水利組合ヲ設ケテ毎年正式ノ方法ヲ以テ手入工事ヲ行ヒテ、悪水路、用水溜池、堤防、里道等ヲ管理セザレバ、従来ノ設備シアリシ灌漑排水ノ利用モ活用不便ニシテ、農業経済退歩ヲ招ク」との認識を示し、「水利組合ノ事業ハ地主ノ意見ニ重キヲ置キテ議決権ヲ認シメ、自治発達ニ便利ヲ与ヘラレタルコトナリ、殊ニ従来ノ如ク水利事業ニ付キ県庁ノ干渉権ヲ強ク置クトキハ土地所有者ノ目的トスル生産力ノ興廃与奪セラルルノ弊害ヲ生ジ、所有権ノ本質ヲ侵害セラルル憂アル」と大地主の立場をよくあらわしていた。[10]

そしてこの報告書の結論では「我カ干潟ノ地タル決シテ稲作水腐スベキ程ノ低地ニアラズシテ排水路タル新川ニ障害物存在ノ為メニ水流作用ヲ妨ゲラル故ナリ、干潟ノ水害ハ天災ニアラズシテ沿岸民ノ不法行為ニ因ル人災ナリ」と主張しているが、沿岸民の「不法行為」だけが水害の原因ではなかったけれども、岩瀬為吉が決して環境宿命論に陥入ることなく、災害を人災的なものと把えていたことは事態の本質を衝いていたものであり、後に問題を解決させていく要因となるものであった。[11]

大洪水の直後だけに普通水利組合でなく、水害予防組合を主張していたことも、従来にない新しい特色であった。けれども岩瀬為吉は「溜池ト新川トヲ整理セバ従来ノ水旱ハ全ク免ルルナリ」と新川下流域をも視野に入れた提起を行っていたのであって、この姿勢は問題が解決されることになる大利根用水の実現まで一貫したものであった。そして岩瀬為吉が忿懣やる方なさを感じ、克服をめざす最大の課題であったことは「県庁属官の産業経済ト国家忠実ノ観念薄ク、情弊ノ纏綿スルヲ以テナリト公言シテ譏毀ニ非ラザルナリ」と述べていたように、用排水事業に対して確固とした方針を持っていなかった行政権力のあり方に対してであったのである。[12]

注

（1）「耕地整理施行ノ発起届書」（明治三十六年）

（2）「琴田耕地保安取締規約書」（明治三十九年）
（3）「上申書」（明治三十九年）
（4）「琴田耕地整理書類」（明治四十年）
（5）「耕地改良規約書」（明治四十年）
（6）「新川修理ニ関シ応急的災害予防法趣旨説明書」（明治四十年）（石橋善助家文書）
（7）大利根用水事業史編纂委員会編『大利根用水事業史』上、昭和三十三年
（8）「干潟新田附属土揚場水路修理浚渫答申書草案」（明治四十二年）
（9）「大毒網事件記録」（明治四十三年）大毒網は川の中へ杭を立て、網の両袖を川の両岸に張り、網の中程に袋を付けて袋の尻にウケをつける。夜九時から一一時頃まで張ると鰻一～四貫目位獲れ、一夜で当時一〇円程度の収入になったといわれる。
（10）「干潟治水研究報告書」（明治四十五年）
（11）岩瀬為吉が干潟地域と新川下流沿岸地域の内部抗争を統一して、利根川からの引水計画の先頭に立つ経緯については『旭市史第一巻』参照
（12）「水利組合設置申請事業報告」（明治四十四年）

五、おわりに

岩瀬為吉は干潟耕地に存在する所有地を「目下其事業半途ニ在ルヲ以テ、其管理費ヲ要スルコト珍無類ニシテ（略）其豊作ヲ得ル為メニ耕作者へ勧業補助費ヲ多ク交付スルコト他ニ類ナキ所ニシテ、今後五、六年ヲ経過セザレバ熟地成田セズ、目下過渡時代ニアリ」と把えていたのであり、だからその解決のために全力を投入してきたものだったのである。(1)

干潟耕地のかかえる問題に対して、県当局も全く無策であったというものではなかった。明治三十九年に農商務省の奨励補助金を受け、一万円余の測量費で干潟耕地整理の基本調査が行われていたのである。それがどのような事情からかは不明であるが、「中止トナリテ空シク県庁ノ倉庫ニ書類埋没セラレ居リテ将ニ世ニ忘レラレントセシ」状態であったものを、明治四十四年二月に岩瀬為吉等が大毒網事件の裁判闘争を行う中で日の目を見させたものであった。この計画は大正六年、大正十三年の干潟耕地整理基本計画に引き継がれ、干潟地域の問題解決へ一石を投じることとなっていくものであった。(2)

地主制確立期の岩瀬家の経営は明治四十四年で小作米収入三、八八四円八七銭、貸金所得七一四円六九銭となっており、小作収入が七五・二％であって、有価証券投資などは殆ど見ることができず、投資資金は小作収入を安定的に確保するために水利事業につぎ込まれていたと考えられる。養蚕地帯の場合と異なって水田単作地帯では秋田県平鹿郡館合村の土田家や山形県西田川郡加茂上仲町の秋野家に見られるように、土地収入の圧倒的優位性が農地改革時まで維持され、小作料収入が有価証券投資などを通じて資本に転化されることが少なかったと云われているが、岩瀬家も水田単作地帯の大地主として共通性を備えていたものと考えられる。(3)

新川改修工事問題に対して下流沿岸地域の人々は新川工事委員の岩瀬為吉を〝元凶〟として激しく非難していたが、「岩瀬為吉ハ我田排水者ニアラズ、常ニ干潟全耕地ノ利害得失ヲ考慮シ、新川ヲ浚渫并ニ川床ノ勾配整均、上流ノ排水、下流沿岸地ノ灌水兼併利用方法ノ計画考案ヲ為シ」と自ら反論しているように、岩瀬為吉の提起には検討すべき課題が多く含まれていたのであって、〝元凶〟こそは利水事業を軽視してきた明治政府であったのである。(4)

だから岩瀬為吉は明治四十五年の新川改修をめぐる暴動事件とその「屈辱的」な妥協に耐えかね、大正六年の大洪水を契機に、それまでの政友会にあきたらない農民を糾合し、農民党を結成して政治的解決を求めることに乗り出していくのである。[5]

大地主は土地集積だけで小作経営が安定的に展開するものではなかったし、水田単作地帯では何によりも広域的な用排水事業の整備が地主制確立期には焦眉の課題であったのである。

注

（1）前掲「所得調査」
（2）前掲「大利根用水事業史上」
（3）大石嘉一郎編著『近代日本における地主経営の展開』御茶の水書房、昭和六十年
（4）前掲「水利組合設置申請事業報告」
（5）前掲「農民党の結成と護憲運動」（海上史研究二七号）

第四章　東上総米穀市場と大地主の形成

高橋喜惣治家の豪農経営

一、はじめに

幕末の「身元之者取調帳」によれば、東上総の五郡に二〇〇石以上の所持者が一九名も存在していたことが知られる。(1)

水田単作地帯のこれらの地域で、どのように大地主として成長してきたのであろうか。

かつて一九五〇年代後半に歴史学会では「寄生地主論争」が展開され、そこでは地主制成立の問題が中心となり、多くの業績も生み出されてきた。しかし当時の地主制研究が「日本の現代社会における最も根強く残存する封建制そのものと、その克服」を起点とするものであったことから、地主制論争が行われる頃には、「地主制の現存」が否定されたために、「対決の姿勢」が失われ、また高度成長の中で急激な日本農業の変貌で、国民の関心の多くも薄れてしまったこともあり、とくに地主制成立期の研究は衰退していってしまった。(2)

たしかに領主の封建地代収奪体制の下で地主制が成立するためには、農民がその剰余労働部分のうちの一部を取得することが前提条件となるという観点が共通のものとなり、また質地地主小作関係が地主成立の一要素として確認されたことも研究上の大きな成果であったが、なぜブルジョア的分解が地主制に転化するのか、また質地地主の性格をどのように把えるべきかという問題は未だに解決されたものではない。(3)

さらに成立期の研究の多くが「旧幕期から明治期の土地集積を、単に面積或いは入付米額総計の変化のみから考察している」と指摘されている問題もある。(4)

東上総地域は西上総と比較しても圧倒的に大地主が存在したところであるが、その研究は、三例にすぎない。(5)「地主制研究の衰退の原因の一つは、戦後の一時期とちがい地主文書が容易に見られなくなったことがある」と云われているように、県市町村史等の編さんが普及しているにも拘わらず、地主文書の収集は大きな成果をあげているとは云い難い現況である。(6)

幕末の東上総最大の地主は夷隅郡上布施村の佐右衛門家で、一、〇〇〇石を所持していたが、この家に嘉永六年(一八五三)六月に生まれたのが、千葉県最初の民権結社と云われる以文会の創立者の一人であった井上　幹である。以文会についての研究はいくつか存在するが、井上家を含めて以文会の経済的基盤の研究はほとんど行われていない。(7)

「地主制成立史の研究は、近世中後期経済史の中核的位置にあって近世経済史の多くの諸問題と広くかつ深くかかわりあっているばかりでなく、明治期の地主制確立過程と不可分の関係にあり、さらにまた幕藩政改革・明治維新・自由民権運動・天皇制国家権力等の政治史の諸問題とも密接に関連するなど包括的な性質をおびている」と指摘されているように、極めて重要な課題であることは今日においても少しも変っていない(8)。

そこで本章では地主制成立期の研究成果をふまえ、東上総一九名の大地主の一人であった上総国上埴生郡立木村の高橋喜惣治家を取り上げ、水田単作地帯における五〇町歩地主の形成過程を追究していくことにしたい。

注

(1) 池田忠好家文書「身元之者取調帳」(慶応元年五月)この文書は組合村の大惣代達が組合村内の分限者を「過日被仰越候一件内密探索いたし候」と関東取締出役へ報告するために作成したものである。書上げの内容は所持高とは限らないが、ここでは一応の目安として二〇〇石以上者に限定しておいた。

長柄郡四、上埴生郡一、夷隅郡一一、武射郡三の一九名で、山辺郡には二〇〇石以上はいなかった。書上げられている所持高は夷隅郡長志村の玉次郎、上埴生郡立木村の民之助(喜惣治)の場合に、ほぼ実際の名寄帳にみられる所持高に近いことから、一定の程度は信頼できるものと思われる。

(2) 依田憙家「戦後の地主制研究について」『歴史評論二〇〇号』一九七二年四月、六四頁

(3) 山崎隆三「地主制形成期をめぐる諸問題」『社会経済史学三一の一~五』一九六六年一月、三八頁

(4) 丹羽邦男「千葉県における五〇町歩地主の形成」『日本農業発達史別巻下』所収中央公論社、一九五九年五月、五六〇頁

(5) 前掲丹羽論文は上埴生郡上永吉村の千葉弥次馬家を扱ったものであり、拙稿「幕末維新期における一地主の生成と展開」(『一六~一九世紀研究Ⅳ』一九六六年)は夷隅郡長志村の丸 玉次郎家を扱ったものであり、また谷口笙子「幕末期における地主経営」(『お茶の水史学一九号』一九七五年)は上埴生郡立木村の高橋喜惣治家を扱ったものであった。

(6) 前掲依田論文六八頁、地主宅に保存されている村方文書は自治体史の編さんでも重視しているが、地主の経営史料となると史

料目録の中にさえ入れないところもあるほど消極性が強く、所蔵者側も私文書だからと公開したがらない場合も案外と多い現況である。

（7）前掲池田家文書によると上布施村佐右衛門は、「高千石位、山林代金三百両位、融通金千両位」とある。千葉県内の自由民権運動は、全国的な高揚が退潮するようになると、受動的で停滞してしまうという〝微温的〟な政治運動との評価があるが、民権結社の経済的基盤の研究がなされるならば、茫漠とした歴史像の中から、もっと実相に近いものが浮かび上ってくるものであるだろう。

（8）前掲山崎論文三一頁

二、立木村の経済的環境

茂原市街から南へ六キロほど行くと上総丘陵の間を東西に鶴枝川が流れており、この川を挟んで上永吉村であり、南側が立木村である。

「当立木村草高三給合して往古より高六百拾六石与唱来」とあるように、領主は旗本朝比奈氏、土岐氏、富永氏の三者で、朝比奈、土岐がそれぞれ三〇〇石余、富永が一五石余を支配していたが、この内、朝比奈氏は文政十年（一八二七）に改易となり、そのあとを天領→旗本水野氏→天領→鶴牧藩へと引き継がれて維新を迎えている。[1]

田畑の状況は寛政五年（一七九三）の段階で、田方三八町四反四畝一〇歩、畑方一七町九反五畝二八歩、合計五六町四反八歩であり、[2]明治六年（一八七三）には五七町二反一畝五歩であって、近世後期にはほんのわずかしか新田開発は行われてこなかったことを示している。[3]

立木村周辺は南北に茂原～大多喜を結ぶ里道が、また東西には一宮～長南を結ぶ里道が通っていて、交通運輸にはすこぶる便利の地であったが、中でも最も茂原町に近く、そこは上総丘陵の農村地帯と九十九里沿岸の漁村地帯との接点にあたり、物資の集散地として近世前半期から開けたところであり、近隣村落に大きな経済的影響をもたらしたものであったことを見逃すわけにはゆかないのである。

「交易場所被仰付候御定之事」によれば「慶長十一年（一六〇六）二月上旬為御掛リと大久保治右衛門様当国御下向被遊（略）長南、一之宮、茂原、本納、大網右五ケ村村役人共御召ニて被仰渡候事、其方共交易之場所も無之、難儀之趣相聞候故、御上之御慈悲ヲ以、此度交易之場所御定被遣可被下間、五ケ村其外入合在方迄村高家数相定、書出可申之旨被仰付候事（略）五井村ニて南北八ケ村御召ニて被仰渡候村方、君塚、岩之見、松ケ嶋、神崎、八幡、御所、村田、塩田右八ケ村ぇ被仰渡候、其方共村々之塩中買可申付候間、茂原、長南之駅ぇ塩荷物附出シ売買可致候（略）其節何月より市始仕候て宜敷義ニ候哉と奉御伺処、来三月朔日より市始可致之由被仰付候、依之本納ヲ一六ニ定、二七長南、三八大網、四九茂原、五十一之宮と相定申候」と六斎市開設と西上総八か村の塩売の経緯を知ることができる。(4)

万治二年（一六五九）の「入置申一札之事」によると茂原村では「是迄数年塩売来候得共、塩売はけあしく、殊更米穀等不自由勝ニ而市場繁昌も無之故、今般村役人共立会相談之上、是与里宿升を以売立候ハハ、近年之内大市場ニも可相成」と宿桝の使用を開始しており、(5)その効果が現実にあらわれて「万治二己亥四月十四日相頼之通無相違村役人任取計ニ売立候故、誠ニ上総一国之大市場ニ相成候」と君塚村等の塩商人へ感謝している。(6)

塩の場合にどの位のものが茂原市場で売捌かれていたのかを見ると、文化十一年（一八一四）の段階では「壱ケ年几壱万三千駄余之内、壱分五厘ゟ弐歩位迄之旨申立候得共、右ニ直、壱分五厘者千五百駄余、弐分者弐千六百駄余迄ニ而相当」とある。(7)

茂原市場の存在したのは下茂原村であったが「市場仕置之義、給々ニ而世話第一ニ付、服部給者塩方一式、米穀之分ハ有泉給分、魚塩肴干魚鰹節、其外戸板を並へ候見世ハ塩入給、絹太物古着古道具並旅商ひ之分者石丸給掛リニ而世話および、塩升ハ箱与唱へ、外市場ニ而百文ニ弐升売之時ハ壱升山計ニ致し、米穀ハ本升ニ而計、棒を不用手切とし、兎角買人ニ安く為思候様目論見、志秤ハ多めしばかりを用ひ、諸事外市振合とハ大ニ相違之仕方」と市場の様相を具体的に知ることができるのである。(8)

さてそれでは近隣村落とどのような関係になっていたか、まず明細帳類によってみてみよう。

元禄六年（一六九三）の北塚村では「市場江ノ道法、茂原町江一里、本納町江二拾町」とあり、(9)宝暦元年（一七五一）の立鳥村では「諸調物市場道法、牛久邑迄弐里、茂原村迄弐里、長南村迄弐里」とある。(10)さらに宝暦十一年（一七六一）の永井村では「米雑穀売買之儀ハ茂原、長南、市之宮ニ而売買仕リ候」(11)と、千町村や高根本郷村では「米雑穀共ニ町場市場ニ行キ、茂原、本納、此ノ宿場ニテ売買仕リ候（略）調ェ物茂原、本納、一宮ニテ相調ェ申シ候」とある。(12)また天明八年（一七八八）の記録によれば「埴生郡中、外ニ市場無之、殊更最寄ニ付、私共村々矢貫村江一ケ月六度宛罷出候（略）矢貫村市日之節、近村より荒物、米穀少々宛持参仕商ひ候」と立木村の近村である坂本、石神、中善寺の三か村が長南市場を利用している状況が知られるのである。(13)

立木村では朝比奈氏が「納辻之内書面之通り几積り平均地払被仰付、尤相場之儀者毎年十月下旬下茂原村市場ヲ以テ相仕切り被下置候事」と年貢米の地払いを行っており、朝比奈氏改易後の天領時代は「当年ゟ御廻米被仰付、皆津出し相成申候事」となったが、再び旗本水野氏の支配になると「天保五午年（一八三四）より同拾壱子年迄七ケ年之間永定免ニシテ（略）毎年御払米」と地払いが復活し、さらに天保十四年に鶴牧藩になると「石代金納相願候所、御家風ニ付、金納与申義相成不申、江戸御屋敷御蔵払米直段を以テ都買請相願候儀者勝手次第可取計旨被申聞

表１　埴生郡須田村年貢皆済状況

	田方惣納（俵）	廻米分（俵）	金納分（俵）		田方惣納（俵）	廻米分（俵）	金納分（俵）
享保７年	60.00000	48.11058		延享元年	59.00000		40.26500
8	45.18740	36.00000		2	57.31400		39.23400
9	33.28875	6.00000		3	60.00000	4.00000	37.30000
10	47.28875	25.00000		4	54.00000	2.00000	34.00000
11	36.13700	12.00000		寛延元年	50.00000	6.00000	25.21800
12	42.00000	15.00000		2	58.00000	7.00000	23.05850
13	67.22500	29.00000	28.26992	3	58.00000	7.00000	49.09850
14	42.37548	15.00000	28.38390	4	58.00000	5.00000	51.11700
15	40.30900	8.00000	28.02508	宝暦２年	34.19000	34.19000	
17	50.00000	36.00000		3	54.00000		54.00000
18	46.18214	39.00000		4	58.00000	6.00000	48.38200
19	57.00000	50.00000		5	58.00000	6.00000	50.24900
20	60.00000	55.00000	2.12000	6	58.00000	6.00000	50.20150
元文元年	55.20000	35.00000	18.18000	7	58.00000	8.00000	48.22500
2	53.37199	8.00000	44.37599	8	58.00000	8.00000	48.51518
3	53.37000	3.00000	45.06252	9	58.00000		56.00100
4	56.09000	2.00000	53.06600	10	53.00000	1.00000	52.31900
5	58.01487		56.38487	11	58.00000	4.00000	51.15800
寛保元年	55.38770		54.29375	12	58.00000	4.00000	52.09300
2	57.19600		56.19600	13	58.00000	3.00000	53.28500
3	63.32000		62.32000	明和元年	58.00000	5.00000	50.26100

注）船橋市立西図書館所蔵文書より作成

表２　下茂原村外３か村年貢皆済状況

村名	年　代	田方納米（俵）	廻米分（俵）	金納分（俵）	板倉清左衛門へ渡分（俵）	大坂屋へ渡分（俵）	古沢村勘四郎へ渡分（俵）
下茂原村	寛政４年	90.09600	4.00000		4.00000	40.00000	
	6	〃	8.00000	0.29768			39.00000
	7年	〃	4.00000				42.00000
上茂原村	寛政４年	72.00430	6.00000	12.02180		26.00000	
	6	〃	8.00000	4.16580			30.00000
	7	〃	4.00000	11.09190			
萱場村	寛政４年	246.08089	15.00000	154.34376	50.00000		
	6	〃	17.00000	206.01759			
	7	〃	17.00000	209.31259			
七井土村	寛政４年	313.23900	20.00000	52.30570	162.00000		
	6	〃	16.00000	120.35570	2.00000		154.00000
	7	〃	20.00000	124.21570			132.00000

注）船橋市立西図書館所蔵文書

候」と事実上の金納で、農民が買請した米穀の多くが茂原をはじめ地元の米穀市場へ廻ったものと考えられる[14]。

このように年貢米が地払いされていた状況は決して立木村だけのことではなかったのである。表１は埴生郡須田村の年貢皆済目録を示したものである。享保改革期の前半は江戸への廻米が多いが、改革の成果があがって米穀供給が過多的状況になる後半からは、地払いによって金納が進行していくことが分かる。また表２は下茂原村、上茂原村、萱場村、七井土村四か村の年貢皆済状況を示したものであるが、下茂原村や古沢村の米穀商人に引渡されていることが知られるのである。

文政八年（一八二五）に綱島村では「当酉ノ御年貢米百八拾七俵三斗八升弐合四夕ハ村役人并小前一統江申付候相場之儀、金壱両ニ付九斗四升ニ申付候上者、縦下直ニ相成候共、致弁金可致上納候」と石代納を命ぜられており[15]、妙楽寺村では「米津出シ之義ハ、同国五井村迄陸地九里余、同村より船積仕江戸迄七里余ニ有之、尤是迄廻米ニ被仰付候儀御座なく候、先々より所相場を以売払、金納ニ致シ来リ候」とあって一切津出しせずに地払いで処理していたのであった。(16)

立木村は交通の便に恵まれ、近隣に東上総有数の米穀を中心とする市場が存在し、またその市場へ年貢米が流入するという経済的環境の中にあったのである。

注

（1）「本邨遠隔之概略」（茂原市立図書館蔵『高橋家文書』）によれば、「慶長十九年徳川家康大坂夏冬之陣及元和之役朝比奈某軍功ニ依リ本邨之内草高三百石を家康より賞与せらる、是即旧地頭朝比奈舎人之祖先也、爾来久しく朝比奈家之知行たりしが、貫一郎之代ニ至リ、罪有テ知行召放され、文政十亥年十一月幕府代官森覚蔵之支配地与成れり、天保二年卯八月幕府旗下之臣水野美濃守之知行所と成、天保十二年再度代官羽倉外記之支配地と成、天保十三年正月代官篠田藤四郎之支配地ニ替り、引続き代官勝田次郎之支配地ニ転ず、天保十四年十一月ニ至リ本国鶴牧藩主（市原郡姉崎村ニ在リ、禄高壱万五千石）水野壱岐守忠順之領地と成る、以上陳る所者当給分にして朝比奈氏以来何れも草高三百石を領せり、又相給ニ於而高拾六石与唱来候者寛永二年五月幕府旗下富永武兵衛吉政なる者、東叡山普請奉行之勤功ニ依り、台田、立木、野牛三邨之内、高四百九拾六石余地知加増せられ、内立木村ニ於而高拾五石九斗九升三合三夕九才宛行れたると云、相給土岐藤兵衛知行所も従来草高三百石也、是者、旧記之れ無きニ付、沿革を知る由無きなり」とある。

（2）前掲高橋家文書「明細帳」（寛政五年九月）

（3）前掲高橋家文書「耕地一筆限地価取調帳」（明治六年三月）

（4）「本納村外四箇村開市由来書」（『千葉県史料近世篇上総国上』所収）一九六〇年、一三五頁

（5）武田勘七郎家文書「入置申一札之事」（万治二年四月）

（6）前掲武田家文書「為取替議定証文之事」（寛文三年四月）

（7）「塩一件御裁許之写」（文化十一年二月）（『市原地方史研究第一一号』所収）一九八一年、二〇七頁

（8）前掲武田家文書「古実記写」（慶応三年五月）
（9）矢部重矩家文書「書上明細帳」（元禄六年四月）
（10）大野弘司家文書「立鳥村明細差出帳」（宝暦元年十一月）
（11）渡辺重孝家文書「永井村指出明細帳」（宝暦十一年四月）
（12）「上総国長柄郡千町村差出明細帳」（宝暦十一年）（『茂原市史料第一三輯上』）一九六一年
「高根本郷明細帳」（宝暦十一年三月）（前掲『千葉県史料』所収）二一九頁
（13）「矢貫村万控帳抜書」（天明八年十月）（前掲『千葉県史料』所収）一三頁、一七頁
（14）前掲高橋家文書「新旧耕地比較帳一」（明治期）
（15）井桁三郎家文書「申渡下知之事」（文政八年）
（16）「妙楽寺村明細書上帳」（文政十三年七月）（前掲『千葉県史料』所収）一二九頁

三、高橋家の由来と土地所持状況

高橋家は立木村三給支配の内、旗本朝比奈氏の農民であった。そこでまずその村の階層を見てみると、表3のようである。また立木村上位一〇名の所持地の変遷を追ってみると表4の如くであるが、正徳二年（一七一二）から慶應四年（一八六八）まで一〇位以内に残った者は三名で、天明四年（一七八四）から文政六年（一八二三）までの間に圏外に去る者が四名おり、文禄四年（一五九五）に第二位であった三郎左衛門は天保十二年（一八四一）には四反三畝歩余に、そして慶應四年には三反三畝歩余と後退してしまっている。また五郎左衛門や市郎左衛門のように天明期以降に登場してくる者もいるのであって、二つの表を総合すると天明期から文政期にかけて村落内で勢力の交代現象が進行していたことを知ることができる。

表3　立木村における階層表

反別＼年代	正徳2年	元文4年	宝暦14年	安永6年	天明4年	寛政5年	文政6年	天保2年	天保12年	慶應4年
80反以上								1	1	1
50～80		1					1			
40～50			1							
30～40										
20～30		1		1	1	1				
15～20	3	1	1	2	3	3	1	3	4	5
10～15	7	2	6	4	5	5	4	4	2	2
9～10	3	1	1	1	1	1	2		2	1
8～9	2	3	1	4	3	4	1	1		
7～8	2	3	5	2	2	2	1	1		
6～7	3	5	3	2	1	1	2	1		
5～6	2	2	1	3	2	2	4	3	2	2
4～5	3	4	3	6	6	6	2	2	2	1
3～4	2	2	2	2	2	2	3	2	2	6
2～3	2	3	5	6	5	5	6	7	7	7
1～2	5	7	9	6	7	6	7	7	7	5
0～1反	3	7	6	8	5	6	6	11	12	13
合　計	37	42	44	47	43	43	40	43	41	43
高橋家所持反別	132.09（畝）	107.12	128.09	162.07	215.14	215.14	722.17	835.26	953.27	929.01

注）高橋家文書より作成

表４　立木村上位10名の所持地変遷

（単位：畝）

順位＼年代	文禄４年	正徳２年	元文４年	宝暦14年	安永６年	天明４年	文政６年	天保２年	天保12年	慶應４年
1	源右ヱ門	安楽寺	徳重郎	徳十郎	三郎左ヱ門	◎三郎兵ヱ	◎喜惣治（三郎兵ヱ）	◎喜惣治	◎喜惣治	◎民之助（三郎兵ヱ）
	520.10	162.24	503.29	429.18	208.27	215.14	722.17	835.26	953.27	929.01
2	三郎左ヱ門	袖都（平右ヱ門）	安楽寺	安楽寺	新兵ヱ	佐右ヱ門	安楽寺	安楽寺	源蔵（五郎左ヱ門）	豊蔵（五郎左ヱ門）
	422.00	155.17	162.24	162.24	166.20	181.12	162.24	175.24	185.09	185.03
3	地左ヱ門	喜八郎	三郎左ヱ門	◎三郎兵ヱ	◎三郎兵ヱ	三郎左ヱ門	市郎左ヱ門	五郎左ヱ門	安楽寺	安楽寺
	417.19	155.04	137.22	128.09	162.07	181.05	145.12	175.23	175.24	175.24
4	太郎左ヱ門	伝右ヱ門	平右ヱ門	三郎左ヱ門	佐右ヱ門	安楽寺	平右ヱ門	平右ヱ門	忠蔵（嘉兵ヱ）	嘉兵ヱ
	406.14	143.07	121.10	127.05	142.10	162.24	131.12	174.26	159.00	173.02
5	藤右ヱ門	善右ヱ門	◎三郎兵ヱ	新兵ヱ	安楽寺	与惣左ヱ門	五郎左ヱ門	重郎右ヱ門	良蔵（重郎右ヱ門）	良蔵
	271.18	135.08	107.12	123.13	124.21	122.27	121.28	139.28	155.14	162.11
6	重郎左ヱ門	◎三郎兵ヱ	三郎左ヱ門	十郎左ヱ門	長左ヱ門	新兵ヱ	嘉兵ヱ	嘉兵ヱ	平吉（平右ヱ門）	直八（三郎兵ヱの分家）
	231.04	132.09	103.10	114.09	113.04	120.17	121.21	121.26	144.22	161.29
7	与惣左ヱ門	五郎兵ヱ	重郎左ヱ門	平右ヱ門	平右ヱ門	平右ヱ門	四郎兵ヱ	四郎兵ヱ	粂之助（四郎兵ヱ）	平七（平右ヱ門）
	188.11	116.09	87.18	107.29	110.11	118.22	96.01	161.14	113.21	116.09
8	◎三郎兵ヱ	重左ヱ門	与次右ヱ門	長左ヱ門	新右ヱ門	長左ヱ門	三郎左ヱ門	市郎左ヱ門	伊平治（市郎左ヱ門）	伊平治
	187.06	110.12	83.27	104.07	91.12	110.13	94.18	106.05	106.05	115.11
9	次郎兵ヱ	与次右ヱ門	重郎右ヱ門	佐右ヱ門	佐左ヱ門	嘉兵ヱ	十郎右ヱ門	三郎左ヱ門	善左ヱ門	善八（善左ヱ門）
	175.21	102.21	87.02	94.21	87.12	102.00	89.04	85.22	93.02	93.02
10	孫左ヱ門	重郎右ヱ門	粂右ヱ門	喜左ヱ門	四郎兵ヱ	十郎左ヱ門	佐右ヱ門	小左ヱ門	新左ヱ門	粂之助（四郎兵ヱ）
	174.11	100.10	78.05	85.03	86.28	93.27	73.21	67.24	58.16	55.17

注）高橋家文書より作成　◎印は高橋家を示す。

このような中にあって文禄四年には村内第八位であった高橋家だけが慶應四年まで一〇位以内に残ったのであり、天明四年にトップに登場し、そして文政六年以降は圧倒的な所持高を示す存在になっていったのである。

高橋家は「里見家の家臣」であったとの言い伝えがあり、[1] また「代々名主又ハ代官取締役、割元役、大庄屋等相勤メ、苗字帯刀ヲ許サル」とあるが、[2] 延宝四年（一六七六）には組頭を、貞享五年（一六八八）には名主を勤めていることを見ても近世前半期から村落指導層であり、文禄四年の名寄帳[3]に一町八反七畝歩余として登場することから考えて、初期本百姓の系譜を持つ農民であったと云うことができる。ただし「地代官」とか「村方取締役」等の役職に就くようになるのは、所持地を飛躍的に増大させた文政期以降からである。

高橋家の土地所持状況は文禄四年以降、延宝四年では一町二反一畝二二歩であり、元文四年（一七三九）には一町七畝一二歩と減少さえしており、文政期に至るまでは単なる村落上農層にすぎない存在であった。

注

（1）茂原市立図書館「茂原市立木、高橋家文書目録」（平成三年）一九頁

（2）前掲高橋家文書「立木村住民姓名沿革調帳」（明治十一年）

（3）前掲高橋家文書「名寄帳」（文禄四年一月）

四、高橋家と地域米市場

前項でも見た如く、高橋家は文政期以降、村内の土地を二八％以上所持し、慶應四年（一八六八）では三四％に

表５　酒売上げ状況

年　代	村数	人数	金額（貫）	備　考	年　代	村数	人数	金額（貫）	備　考
寛政８年	13	33	銭839.812	外ニ10両１分２朱	文政２年	3	3	218.900	外ニ１分２朱
享和元年	1	1	58.700	外ニ　１分２朱	3	1	1	52.400	
2	2	3	139.200		4	2	2	77.200	
3	2	2	65.100		5	2	2	85.300	
文化元年	2	2	160.048		6	2	2	91.400	
2	3	3	248.000		7	2	2	96.660	
3	3	4	399.400		8	1	1	94.100	
4	3	4	105.300	外ニ　２朱	9	4	5	139.872	外ニ３両１分３朱
5	3	4	127.824	外ニ　２分	10	1	1	56.100	
6	3	6	300.184	外ニ２両２分	11	2	2	37.000	
7	3	4	264.808	外ニ　２朱	12	3	3	24.000	外ニ　１分２朱
8	4	5	178.148	外ニ１両	天保元年	5	5	31.672	外ニ７両２分２朱
9	6	8	335.730	外ニ　２分	2	1	1	9.000	
10	6	11	388.484	外ニ　１分２朱	3	2	2	34.500	外ニ２両１分３朱
11	6	14	424.996	外ニ　２朱	4				
12	5	6	230.124	外ニ　１分	5	3	3	195.524	外ニ33両　３朱
13	6	6	186.148	外ニ　２分２朱	6	3	3	29.600	
14	3	3	118.600	外ニ　２朱	7	5	5	86.572	外ニ19両　３朱
15	2	2	229.796						

注）高橋家文書より作成

も及んでいたのであるが、どうして高橋家がこのように飛躍することができたのであろうか。水田単作地帯での農業生産だけでは決して考えられるものではない。

寛政七年（一七九五）の願書によれば「私儀祖父代ゟ酒造渡世仕候所、近年身上不如意ニ罷成候間、相休罷有候、尤造株之儀者弐拾石ニ而、造高五拾石酒造致来候、親類共より此度合力を請、如先年酒造取立仕度奉存候」と高橋家が近世中期に酒造業を営んでいたのであり、それを復活する状況が分るのである(1)。

幕府は享保末年以降に米価下落がはじまるとそれまでの政策を転じて酒造業の造石奨励策を行い、

宝暦四年（一七五四）には「酒造り申度分者、其所之奉行所、且御料者御代官、私領者地頭へ相届、以来者酒造ﾘ候儀勝手次第たるべく候」と勝手造ﾘ令を出しており、[2]また寛政改革の一環として関東地廻り酒を保護育成してゆくことも、[3]高橋家の酒造業への復活には時宜に適していたということができる。

表5は寛政八年（一七九六）より天保七年（一八三六）までの高橋家の酒売上げ状況を示したものである。復活最初の寛政八年では一三か村三三人へ金一一両余と銭八五〇貫文余を売っている。

酒造業は固定資本、流動資本ともに莫大な資本蓄積を前提としなければならないために、一般農民による酒造業の形成は考えられず、酒造は分限者による者が多いと云われているが、高橋家はその条件にふさわしいものであった。[4]

酒造業では流動資本の中で圧倒的に大きな位置を占めているのが原料米の買入れであったが、高橋家ではどのように確保したのであろうか。

文政九年（一八二六）に「一躰御年貢米喜惣次方江相納同人儀酒造米遣払、御年貢者買納ニ致候儀ニ可有之旨御尋ニ付、御意之通相違無御座旨御答申上候」と立木村役人が申し述べており、[5]文政十二年の「買預米出入」では「私儀農業之間、酒造渡世罷在候処、相手之者共儀、御地頭所御年貢御払米買受呉候様申之、夫々相場取極、米買請代金不残相渡、右買請候米者酒造仕入米ニ付、買預ニ致し置」と市原郡小佐貫村、北崎村、上埴生郡台田村の三名の農民から年貢払米二六六俵を酒造仕入米として買入れていることが知られるのである。[6]

もちろん年貢払米の買請だけでなく、茂原米穀市場に近接していたことも酒造米確保に有利であったと思われる。

寛政七年（一七九五）に高橋家から酒を購入している猿袋村の清四郎は天明二年（一七八二）から居酒屋渡世をしていた者であり、[7]文政十二年の「差入申一札之事」によると「我等儀是迄貴殿ゟ小売酒無心申入、追々酒代相滞候ニ付、既ニ御出訴可被成段御届ヶ被成、難渋之中何共当惑仕候間、売懸滞之分御勘弁受ヶ、夫々済方いたし、改而金弐両三分ト六百文新規借用致し、以来者貴殿ゟ壱手ニ酒買請、外ゟ一切酒買請申受間敷旨一向相歎、前書之金子借り受、無間茂下ノ郷甚五兵衛方ゟ酒仕入候儀御聞及被成、不実之段御立腹之上、右之次第御申立御訴訟可被成由御掛合ニ預り一言申訳無之（略）以来右躰不実之取計不仕、貴殿ゟ壱手ニ酒買請、甚五兵衛方者勿論他より決而酒買請申間敷候」と前貸支配によって販路の確保をはかっていたのである。(8)

販路の問題は天保二年（一八三一）に江戸外神田山本町代地の三河屋忠蔵へ「酒弐拾五駄、但相場拾駄ニ付金拾弐両弐分替、代金三拾壱両壱分也」と江戸への出荷を行っていたことである。(9)

幕府は天保期に入ると酒造統制を強化するようになって、化政期の在方酒造業の発展を冥加金徴収によって全面的に掌握するようになるが、このような政策に対応して高橋家では天保八年以降は酒造業を止めてしまったものと思われる。(10)

しかし高橋家は酒造業と並行して化政期に「私儀農業之間、酒造并穀物売買渡世仕来候」と米穀商売をしていたのである。(11)

嘉永七年（一八五四）の「預り米証文之事」では大谷木村の伊右衛門が「我等地頭所御払米貴殿江売渡」と蔵米二四俵を高橋家に売渡しており、(12)また安政四年（一八五七）の「覚」では三ヶ谷村の藤右衛門が蔵米五〇俵を高橋家の指示で「一ノ宮出しニ而売渡」を行っていたのである。(13)

この米穀商いは地元の市場だけに限定されていたわけでなく、江戸の米価が高い時は市原郡八幡宿の商人を通して江戸へ送ってもいたのである。「上サ新米上之物九斗九升位ゟ壱石迄（略）右御案内申候、尚追々可申上候、古米之儀者江戸表下落ニ御座候、新米者相場上ヶ下ヶも無之様相見江申候」と八幡宿の長兵衛から情報が入っている。(14)

酒売りも米穀商いとともに売掛け方式であることから、貸金業と密接な関係にあったといえよう。文政七年（一八二四）の「貸金并有物取調書」によって田畑以外の資産状況を見てみると、貸元金一、三〇九両二分、酒売無利足貸附分四七両三分二朱、同売掛滞分三八三両二朱、米一九七俵七升分を金にして一七六両ト銭四三八文、蔵奉公人給金、槙、焼酎分が三二両一分、現金一五〇両一分二朱ト銭六一二文で、およそ一、九九九両一分余であり、その中で六五％は貸付の元金が占めている。また酒売上げの未回収分が二一・五％を占めている。(15) ところが天保十年（一八三九）になると「貸金并有物取調書」はどう変化するであろうか。貸元金二、二四九両一分、貸米金一一両二分、預ケ米金二二三両三朱、現米金四八一両三分一朱、現金九五両二分一朱、杉薪九両、大豆分四両一分で、およそ三、一四三両二分二朱、この内貸付元金は七一・六％と比重を高め、酒掛け金の項目が消滅し、預ケ米が登場していることであった。またこの年では現米六〇二俵余の内、蔵米分が四五二俵を占めていたのである。(16)

文化十二年（一八一五）の貸金状況を見ると「一、金六拾三両弐朱ト永九拾六文、質地証文かし、但、前書村役人ゟ質地証文、小作証文共入、尤壱ケ年作徳米三拾弐俵壱升七合四夕六オツツ、文化十三子ヨリ天保三辰迄」とあって、隣村三ケ谷村の村役人から質地証文を取り、直小作させることによって米の確保をはかっていたことが分かるのである。(17)

貸金がすべて質地と結びついていたわけではない。とくに化政期以降、居村で圧倒的な土地集積を行ってからは「御年貢御未進其外要用差支申候ニ付（略）返済之儀者金弐拾五両ニ付壱分之割合ヲ以」とか、「書面代金江御定之利足ヲ加江」という形での貸金営業を展開しており、(18) それを示したものが表6である。零細な金額を周辺村落へ貸付けている状況を見ることができる。

このような酒造業、米穀商い、そして貸金営業の過程で土地集積が展開されたのであって、それは表7に示すよ

表6　貸金状況

年代	金額（両）	立木村	三ヶ谷村	坂本村	台田村	大井村	給田村	綱島村	永井村	久原村	下永吉村	茂原町	大谷木村	上市場村	その他	合　計
天保14年	194.21	13人	1		1	1	3	1		1	1	1	2			25
弘化元年	320.10	15	3	5		1	2	2		1	2	1	1		1	34
2	107.02	6	4			2	1				1	1	1			16
3	109.02	9	1	1		1	1	2		1					1	17
4	54.02	11	1	1	1		1	1				1				17
嘉永元年	106.30	10	3	1			2					1	1	1	1	20
2	208.22	15	2	2	1	1	2	1		1	6	2	1	1	2	37
3	156.30	13	1	1	3	4	1	1							3	27
4	129.32	10	2	2	2	1		3			2				3	25
5	382.12	28	6	4	3	1	3	2			5	2	1	1	9	65
6	260.02	31	2	3	5	2	1				2	2	1	1	5	55
安政元年	305.12	31	5	1	6	2	2	1			5	1	1	1	5	61
2	199.02	23	1	2	3	1	2	1			1		1	1	3	39
3	388.32	35	4		7		1	1			11		1	1	6	67
4	292.11	24	7	1	5	1	5	1			4	1	1	2	8	60
5	364.02	22	6	3	5		1	1			6	1	1	2	5	53
6	454.32	20	3	2	6	1	2	1			3	3	1	3	8	53
万延元年	383.01	29	4	2	3	1	2	1	1	1	1		1	1	6	53
文久元年	385.22	24	3	1	4		4	2			4	1	1	3	7	54
2	383.22	23	2		4	1	1	2	1		5		1	1	2	43
3	379.20	18	3		1	2	1			2	1	1	1	2	6	38
元治元年	486.30	23		1	2		3	2	1		5	1	1	2	4	45
慶応元年	682.10	22			1		1	2	1		3		1		14	45
2	1252.30	29			1		3	2			5	2	1	1	9	53
3	1154.13	26		1	4		3	1	2		2		1	1	9	50
明治元年	1111.13	33		1	4		4		1	2	1			1	9	56
2	710.30	33		1	3					1		2	1	1	11	53

注）高橋家文書より作成

表7　流地・質地の集積状況

（単位：畝）

村名	文政7年		天保10年		文久元年		慶応4年	
	流地	質地	流地	質地	流地	質地	流地	質地
立木村	741.10	265.13	1105.12	152.05	1103.01	135.18	1109.29	13.20
野牛村		40.00			116.26	75.28		
網島村		5.07		128.06	148.14	448.03	23.08	321.06
猿袋村		0.21						
下永吉村		85.03		486.11	13.20		13.20	
三ヶ谷村	325.07	215.14	596.26	262.18	598.13	86.09	603.06	19.18
坂本村				658.18	463.01	87.11	454.22	
台田村				355.28	381.18	178.09	339.20	29.26
大井村				130.01	389.26	165.10	389.26	19.17
永井村				82.15	78.10	41.08	78.10	4.08
大谷木村				124.16		303.15		126.18
一宮本郷村				56.09	56.09		56.09	
千手堂村				67.14				
関原村				98.10	65.24		95.06	
矢貫村				20.00	5.03	16.06	5.03	11.04
下茂原村				3.00	4.14		4.14	
長谷村				4.00				
岩沼村				94.03				
久原村					80.03	76.11	76.11	
給田村					145.14	173.14	145.14	
石神村					59.21	130.22	46.04	14.28
中善寺村					108.16	100.09	85.22	
大庭村								22.29
北山田村								13.28
小滝村								70.15
東浪見村								261.26
合計	1066.17	611.28	1702.08	2724.04	3818.23	2018.23	3467.14	1015.05

注）高橋家文書より作成

うなものであった。

注

（1）川村　優「旗本窮乏をめぐる村方の動静」（『史葉第二号』所収）一九五六年一二月、一四頁
（2）柚木　学『酒造りの歴史』雄山閣出版一九八七年六月、六八頁
（3）前掲柚木論文五七頁
（4）前掲柚木論文二三八頁
（5）前掲高橋家文書「差入申詑一札之事」（文政九年）
（6）前掲高橋家文書「乍恐以書付御訴訟奉申上候」（文政十二年六月）
（7）岡本保三家文書「農間商渡世名前書上」（前掲『茂原市史料第一〇輯上』所収）
（8）前掲高橋家文書「差入申一札之事」（文政十二年五月）
（9）前掲高橋家文書「相対済御前触貸金帳」（天保十四年）
（10）前掲柚木論文一五七頁
（11）前掲高橋家文書「乍恐以書付御訴訟奉申上候」（文政十二年六月）
（12）前掲高橋家文書「預り米証文之事」（嘉永七年十一月）
（13）前掲高橋家文書「覚」（安政四年一一月）
（14）前掲高橋家文書「書簡」（九月）
（15）前掲高橋家文書「貸金幷有物取調書」（文政七年九月）
（16）前掲高橋家文書「貸金幷有物取調書」（天保十年二月）
（17）前掲高橋家文書「村々先納平貸金控帳」（文政十二年十月）
（18）前掲高橋家文書「借用申金子証文之事」（天保十三年十一月）、「借用申証文之事」（嘉永五年四月）

五、地主的成長への障害

文政期には流地質地を合わせると一六町歩余となる大地主に急成長しているが、果して、これは地主経営を安定させていることを示すものであったであろうか。従来ともすると土地集積の現象に目を奪われてしまっていたことはなかったであろうか。

三ケ谷村役人達は天保四年（一八三三）の段階で領主への御用金負担のために金七一両余、米五四四俵余を高橋家から借用していたのであるが「右村役人共ゟ証文取置、石丸様御用金ニ差出候処、前書之通滞候得共、先年扶持方茂頂戴罷在候ニ付（略）天保四巳年二月献上いたし候」と高橋家では献金することで帳消しにしていたのである[1]。このような領主階級への献金は反対給付もあったけれども、決して軽いものではなかったことである。

弘化三年（一八四六）の「願書」によれば、「御下屋鋪御備金之内、去ル天保十一、同十二両度ニ千五百両御預ヶ被仰付候ニ付、右金夫々貸附置候処、御繁昌之節者御威光ニ而取立方行届、年々無滞御利足上納仕候共、御殿様御役御免被仰付候後ニ至リ候而者、借方のもの共品能申延而已致し、果ニ者不当之及挨拶、利分者勿論元金も取立方不行届、左候迚取詰懸合候而難捨置、場合ニ至リ御名前等差出し候様成行候而者時節柄御為筋ニも相成間敷候哉ニ愚慮仕、旁以日夜心労而已致し罷在、剰手元ニ有合候金子迄不残貸附候処、同様取立方不行届、必至与難渋仕候」と鶴牧藩主が西の丸若年寄辞任の影響もあって村方への貸付金の回収が滞り、大庄屋として回収の立場にあった高橋家が一、五〇〇両の内六五両を二回に分けて上納し、残金一、四三五両の内三〇〇両を高橋家で負担し、一、四〇〇両分は一、〇〇〇両を証文に入れ、四〇〇両を無利息三五か年賦にして欲しいと歎願していたが、そこには紙背を通して苦衷が滲み出ている。[2]

嘉永三年（一八五〇）から元治元年（一八六四）まで高橋家は二、四三〇両の献金を鶴牧藩に行っている。[3] たしかに万延元年からは年貢米の内、高橋千満太一五俵、同民之助へ三五俵を給米として与えられ、文久元年（一八六一）には民之助へは八五俵、そして文久三年には一〇〇俵と増加しているが、献金の加重を相殺できるものではなかった。[4]

慶應四年（一八六八）には七〇〇両の献金を命ぜられ、二五〇〇両を納めたが、維新となって解放されることになったのであった。[5]

このような領主への負担ばかりでなく、質地や流地として入手した田地の安定的な確保すら、十分に保障されているとは云い難い状況であったことである。

慶應二年には関原村の農民と田地受戻一件を起こしている。それによれば「私方江田畑合九反五畝六歩質地ニ取置もの也、廿五ケ年前ニ而兼而御法も有之、疾質流地相成候地所請返し」たいと訴え出られたのである。鶴牧藩ではまず流地へ増金をしてやってはどうかと言ったが、高橋家は拒否する。すると「右村方ニ出石地所持之訳を以、地頭所内藤家江上金趣意証差出候ハハ、穏ニも相成、然上者已来右地所之義ニ付、御同家様ゟ彼是懸合筋等有之間敷」と関原村地頭の内藤氏への献金を勧められたが、「譬御地頭所へたり共金子差出候様ニ而ハ、外出石村々江相響《ひびく》、自然私方相続差支相成（略）右出金少分たり共相成兼候」と拒否回答していた。

結末は前掲表7の関原村欄の慶應四年に流地となっていることを見ても受戻しはできなかったが、領主側の態度は極めて不明確なものであったことである。[6]

しかし慶應三年五月には大井村の農民が田地受戻しを求めて評定所へ訴え出ている。それによると給田村の倉之助は安政四年（一八五七）に大井村で所持する二町三畝九歩を高橋家に一〇か年季で質入れしたのだが、「年貢未進出来必至与難渋いたし候間、大井村越石地質地ニ差入置候分年季中ニ者候とも、増金いたし、流地ニ受取呉候様達而相頼難懸合、右百廿五両江猶金弐拾三両増金相渡、改而流地証文取之」ということで流地扱いとしたところ、その後、文久二年（一八六二）に生活が困窮したことから、二両を高橋家に助成して貰ったりしたのにも拘らず、慶應二年になって「大井村役人共義倉之助ゟ差入置候質地、同人者流地いたし候とも地元村方ニ以前之所持主有之義ニ付、当人ニ取抱、元地主ゟ金子差出候間、可為受戻」と大井村での倉之助に対する元地主が高橋家へ田地受戻し請求の訴えを起したことへ村役人が加担したのであった。高橋家では「流地ニ相成候地所差戻候様成行候而者、際限無之義付及断」と拒否し、評定所へ「流地相成候地所、向後取戻等之歎願不申懸、出石無難ニ所持相成候様」[7]にと願い出ており、この裁許は「御懸り御留役中村晋平様御吟味ニ而質流地増金幷合力証文共両様差入有之上者、受返しハ決而不相成段、訴訟方へ厳重御理解被仰聞、流地与相定」と慶應三年六月十一日に確定したのであったが、このように流地分ですら、評定所へ持ち込んで争わねば容易に確定しなかったのである。[8]

前掲表7を見れば、文久元年と慶應四年とでは、野牛村、台田村、石神村、中善寺村の四か村の流地分が減少している。また質地の受戻しが激しく、質地分は天保十年（一八三九）、文久元年、慶應四年と段々減少しており、とくに慶應四年では、質地は文久元年の半分程となってしまっていたのであった。

このことは当然に高橋家でも深刻に意識されていたのであり、慶應四年三月には「近年違作打続、米価高直ニ付前々取置候質地者追々被請戻、持高相減、且又流地取引之儀、文久三亥年三月取調之節者金壱両ニ付米四升之分合ニ候処、慶應四辰年三月之調節者金壱両ニ付米弐升分之割合ニ相成、右者近年戦争多、世上変事ニ付此上如何可相成哉難計ニ付、先祖名請地者勿論祖父代より追々致増金等、流地相成候田畑幷質地等迄（略）譲渡者勿論質入等者決而不致、先祖之丹精忘却無之様」と申し送りがされていたのであった。[9]

地主経営を成立させるためには、個々の訴訟で勝ち抜くだけでなく、国家権力による法的保障がまさに維新を迎える大地主にとって緊急の課題となっていたのである。

注

（1）前掲高橋家文書「村々先納并貸金控帳」（文政十年十二月）
（2）前掲高橋家文書「乍恐以書付奉願上候」（弘化三年六月）
（3）前掲高橋家文書「鶴牧献金請取書」（嘉永三～元治元年六月）
（4）前掲高橋家文書「御年貢金上納帳」（天保十五～明治元年）
（5）前掲高橋家文書「御新領村々上金之者所持高取調帳」（慶応四年三月）
（6）前掲高橋家文書「乍恐以書付奉申上候」（慶應二年七月）
（7）前掲高橋家文書「乍恐以返答書奉申上候」（慶應三年五月）
（8）前掲高橋家文書「坂本外九ケ村流地田畑名寄帳」
（9）前掲高橋家文書「流地拾六ケ村、質地拾五ケ村田畑取調帳」（慶應四年三月）

六、おわりに

嘉永三年（一八五〇）の「田徳取調書」では一五か村から九〇一俵余の作徳米を得ていることに対し、明治四年（一八七一）でのそれは一九か村で一、二〇四俵余を得ているのであるから、維新の動乱を経る中でも地主経営が拡大していたことは事実として確認できる。[1] しかし明治四年では流地を所持していたのは一六か村であり、その流地もいつ請戻し一件が発生しないともかぎらない状況であった。

このような事態の中で明治六年一月十七日には太政官布告第一八号による地所質入書入規則が出されたことは、大地主の所持地安定化をはかる上で画期的なものであったということができる。[2]

木更津県では明治六年三月に地券発行のため「耕地一筆限地価取調帳」の作成を指示し立木村でも行っている。一筆毎に地番を附け一、〇一八番までの番号を附しているが、書上げられた田畑総反別は江戸地代のものとほとんど変らないものであった。[3]

その後、千葉県によって全域に実施された土地丈量は明治九年（一八七六）七月に立木村でも行われている。それによれば民有地の田畑総反別は五六町六畝六歩から一挙に八四町六反一畝二四歩へと一五一％も打ち出し強化が行われていたのであった。[4]

この地租改正を大地主はどう受けとめていたのであろうか。高橋喜惣治は明治八年に第七大区の地租改正総代人となっていたのであるが「改正反別収穫地価地租等者、地引帳・地価帳之惣計に引合せるものなり、夫れ地所者天災又者人事之変遷に伴ひ、時として変動異動を免れずと雖ども、地租改正以後者地所一筆毎に番号を附したれば、今之一番地者猶後世之一番地也、今此番号と旧畝歩を比較し置ときわ、将来多少の変動を来す事あるも、番号に基き、分合加除するものなれば、決して錯雑の憂なからん事を信んぜり」と地租改正の意義を適確に把えている。[5]

しかし〝押付反米〟とも称せられたように、しかも一五一％の打出しを強行されたのであるから、それは大地主にとっても決して歓迎されるようなことではなかった。「今政府地租改正の事業を施行せらる、是地所の一大変動にして、昔年の上田畑なるもの今の下等地に陥り、又昔の下田畑にして今却而上等の地味に進歩しものあり、加之字名称の異るを元一筆にして数筆に分裂し、或わ数筆の地を一筆に合せし等分合数十回、古の上等地にして今荒蕪

表８　明治期における流地・質地の集積状況　（単位：畝）

村　名	明治６年		明治11年		明治18年		明治22年	
	流　地	質　地	流　地	質　地	流　地	質　地	流　地	質　地
立　木　村	1111.26	61.15	1793.02	137.04	1804.04	13.01	1817.05	13.01
三ヶ谷村	625.03		1028.29		1028.29	5.02	1034.01	5.02
坂　本　村	485.08	15.03	602.15	16.12	613.27	15.01	628.28	15.01
大　井　村	391.26		523.12		523.12		523.12	
久　原　村	102.07		99.08		146.09		146.09	
永　井　村	109.09		121.12		121.12		121.12	
西　湖　村					164.18		164.18	
台　田　村	329.22	23.00	474.25	62.04	515.17	41.04	556.21	41.04
綱　島　村	16.08		17.07		13.22	3.15	17.07	3.15
給　田　村	127.29	4.10	207.29	5.29	207.19	5.29	207.19	5.29
中善寺村	81.00		94.11		94.11		94.11	
関　原　村	95.06		134.25		134.25		134.25	
石　神　村	46.04		50.23		50.23		50.23	
下永吉村	13.20		14.01		14.01		14.01	
一ノ宮本郷村	56.09		64.09		64.09		64.09	
矢　貫　村	2.03							
下茂原村	4.14		5.13		5.13		5.13	
大谷木村	82.20	59.03	107.07	89.21	229.14	10.10	234.04	10.10
水　沼　村		150.23		184.26		304.260		304.26
一ツ松村					136.13		136.13	
金　田　村					48.05		109.11	
高根本郷村		151.25		176.11		81.27		81.27
池和田村						14.27		36.10
地　引　村					14.05		14.05	
合　計	3681.02	465.19	5339.18	672.17	5931.18	494.22	6070.07	517.05

注）高橋家文書より作成

し、古の荒蕪せるもの今却て上等地に起き返り、又屋敷の如きも古者新古の別ありて自ら家筋の新旧等差を頒ちたりしも、地租改正以後わ一般宅地と称するが如き」と地位等級が大きく変化してしまった状況を歎き、「明治十三年（一八八〇）三月中、地租改正事務掛り及戸長等連署、其筋へ書上けたる旧新地券比較取調書なるものあり、是は明治六年酉三月木更津県管轄中、地券調と称し、旧名寄帳に依り耕地一筆限地価取調帳を製し、此帳簿に基き始て発行せられたる旧地券と、地租改正以後の新地券と引換の、即取調書上たる書類にして、後世より見る時は頗る確実に似たりと雖も、其実然らず、当時官吏等督促甚きため、急激の場合、調書精覈を闕き、比較上往々杜撰の弊を免れず」と批判していたのであった(6)。

高橋喜惣治が明治十二年から県会議員となり、また明治十四年には上埴生正党会を創設し、私擬憲法を起草して民権運動にかかわる経済的背景の一つには、このような問題があったと考えられる(7)。

表8は明治六年から明治二十二年（一八八九）までの流地、質地の集積状況を示したものであるが、明治六年では慶應四年と比すると、二町一反余の流地を拡大しているが、明治十一年と同十八年の流地を比すると、五町九反二畝歩の拡大を行っていることが分かり、松方デフレ財政期に急激な土地集積によって、地主制成立期の実相を如実に表わしていたのであった(8)。

高橋家は近世初期本百姓の系譜を持つ旧家であったが、それがそのまま大地主へと成長したものではなかった。近世後期の地域経済の発展の中で酒造資本家として登場してきた。そしてその酒造活動に付随する前貸行為が天保期の幕政による酒造制限政策の中で残り、高利貸資本へ転身していったものであった。

「亡祖父喜兆翁寿作（略）一代の間、七回領主地頭の更迭に逢ひ、其都度種々の変革を閲し、辛苦経営久しく」と云われていた如く、近世における地主経営は決して安定したものとは云い難い状況であった(9)。

鶴枝川を挟み、わずか二キロ足らずの上永吉村で五〇町地主に成長する千葉弥次馬家も「天保末頃までは、先納金の捻出に困り、自己の持地を近村の金貸富豪に質地に出し、それが流地になっている面をみることができる（略）。大量の流地を獲得して地主的成長をみせる時期は、それはまた先納金負担の増大しない時期と照応している」と指摘されており、地主的土地所有は主として明治十五～二十年の間に形成されているとあるように、東上総地域の五〇町地主の形成は、まさにそこに事態の本質が存在していたということができるのである。(10)

なお本章では高橋家の小作人支配や地域的米穀市場のメカニズムに触れる余裕がなかったが、それらについては他日を期したい。

注

（1）前掲高橋家文書「嘉永三戌田徳取調書」（嘉永三年十二月）、「高橋家産銘細録」（明治四年四月）
（2）「太政官布告第一八号」（『法令全書明治六年の一』所収）一九七四年、一三頁、永原慶二他『日本地主制の構成と段階』東京大学出版会、一九七二年、五〇六～五〇七頁
（3）前掲高橋家文書「耕地一筆限地価取調帳」（明治六年三月）
（4）前掲高橋家文書「地引帳」（明治九年八月）
（5）・（6）・（9）前掲高橋家文書「新旧耕宅地比較帳一」
（7）千葉県議会『千葉県議員名鑑』一九八五年、五一二頁
（8）明治六年から明治十一年にかけて流地の増加しているものは、明治九年の更正反別による面積増を示しているものである。
（10）前掲丹羽論文五六六～五六七頁

第五章　在郷商人による大地主の形成

秋田藩買米と小川長右衛門家

一、はじめに

秋田県における明治二十三年（一八九〇）の地価一万円以上者は一七六人存在していたが、その内仙北郡五二、平鹿郡三三、雄勝郡一一と三郡だけで県下全体の五五％を占め、地主地帯であることを示している。この三郡の中を現市町村別に見てみると、仙北郡では大曲市一六、仙南村一二、西仙北町七、角館町六、六郷町五、仙北町三、千畑村二、花館町一であり、平鹿郡では横手市一四、増田町八、雄物川町七、平鹿町二、大森町二、十文字町一であり、また雄勝郡では湯沢市五、羽後町五、雄勝町一となっており、いずれも雄物川流域に存在していたことが知られる。[1]

ところでこの三郡は秋田県を代表する大地主地帯であるだけに、地主制史研究の蓄積が多く、近世期に限っても今日では二〇例以上に及ぶ報告がある。[2] これらの研究で明らかになったことは、寛文・延宝期に台頭する京野家（六郷町）、宝永・享保期の栗林家（六郷町）や塩田家（雄物川町）、寛保期の本郷家（大曲市）また宝暦期の石田家（増田町）等に見られるように、在郷商人としての商業活動の蓄積によって地主化していった者たちが圧倒的に多いことである。[3]

本章で取り上げる湯沢市の小川家も宝暦・明和期に台頭する商人地主である。小川家については、すでに『秋田県史』[4]や加藤幸三郎氏[5]によって紹介されているが、具体的な在郷商人としての商業活動は明らかになっていない。また多くの商人地主たちが台頭する契機となった雄物川水運による米穀販売活動は明らかとなっているけれども、秋田藩の米価政策と関連させて取り上げたものがほとんどない。そこで小川家の初代本庄屋長右衛門と二代目太郎吉の活動に限定して雄物川上流域における在郷商人の動向を明らかにしてみたい。

注

（1）『秋田県史・資料編　明治下』二二一頁

（2）『羽後町史』一九六六年、『秋田県史第三巻　近世編下』一九七七年、『雄物川町史』一九八〇年、半田市太郎「在方商人本郷家の初期経営上下」（秋田経済法科大学附属経済研究所所報第四、五輯）一九八二年、『平鹿町史』一九八四年、『六郷町史上』一九九三年、『大曲市史』一九九九年

（3）平鹿郡沼館村佐々木家、塩田家、同郡増田村石田家、同郡角間川村荒川家、本郷家、同郡六郷町寺田家、京野家、栗林家、雄

勝郡湯沢町小川家、同郡西馬音内前郷村柴田家等は村方地主とは異なり、商人から地主へ転身していったものと考えられる。尚、在郷商人の研究としては、国安寛「秋田藩に於ける在地商人の一考察」（秋大史学三号）一九五三年、半田市太郎「秋田藩における在郷商人の研究」（歴史学研究・別冊）一九六二年を初めとして同氏の一連の研究や金森正也「近世中後期における在方商人の地主化とその土地経営について」（地方史研究一六〇号）一九七九年、同「近世後期における在方商人の発展と在地構造の変化（『秋田藩の政治と社会』所収）一九九二年等、その他多数の蓄積がある。

（4）『秋田県史第三巻　近世編下』二一九頁

（5）加藤幸三郎「史料紹介　小川長右衛門家文書」一、二（専修経済学論集二〇巻一号、二号）一九八六年

二、湯沢町の概要

秋田県最南部にある湯沢市は奥羽山脈と出羽丘陵が形成する断層谷を北流する雄物川が横手盆地へ入る所に位置しており、雄物川の東に沿って羽州街道（現・国道一三号線）が通っている。また明治三十八年（一九〇五）に奥羽本線が開通し、近世・近代には河川・陸上ともに交通の要衝であった。近年では平成十一年（一九九九）十二月四日に山形新幹線が新庄市迄延長されたことから、奥羽本線で上京するには大変に便利となり、再び脚光を浴び始めている。

慶長七年（一六〇二）に常陸国から入封した佐竹氏は佐竹氏の一族である佐竹義種を湯沢城に配した（佐竹南家の始まり）。元和六年（一六二〇）に湯沢城は破却されたが、佐竹南家は居館を構えて湯沢町に居住し、居館の周りには湯沢町周辺に地方知行を与えられていた給人（地頭）たちが住み、内町と総称する侍屋敷町を形成していた。享保十三年（一七二八）には侍屋敷が三五六軒もあったと伝えられ、一方、外町と総称する町人町は内町の西に、

羽州街道に沿って南から吹張町・田町・大町・柳町・前森町が続き、本章に登場する小川家（本庄屋長右衛門）は大町に現存している。[1]

天保九年（一八三八）の「御巡見使様御下向ニ付当所ゟ御案内ニ罷出候者覚書」を一部抜き書きして、近世湯沢町の様相を見てみよう。

「明和弐酉年御改正、稲廿三万弐千刈余、六ツ成
一、当高千六百拾弐石余　組内千五百四拾八石余　田方
　　同　四拾六石余　畑方
　　同　拾七石七斗余　屋敷方
外表町通り者、御伝馬屋敷ニテ高無御座候
　内千三百八拾石余　御蔵分御伝馬高
　同　弐百三拾石余　給分、但し地頭五拾九人
（中略）
表町通家数三百六拾七軒
一、家数四百弐拾八軒、但し枝郷大嶋村、鉦打沢村両新地共
　但し内三拾七軒　同廿三軒　南新地
　　　　　　　　　同拾四軒　北新地
右新地之儀、文政十一子年二男三男分地世話立為致候ニ屋敷無之ニ付御願申上候所、願之通り相済、同年十月中御検地役被差越、右屋敷御打ニ被成下候事

（中略）

一、人数弐千三百拾四人　内、千弐百三拾五人　男
　　　　　　　　　　　　　　千七拾九人　女

一、馬数百四拾壱疋　　内、弐拾弐疋　駄
　　　　　　　　　　　　　百拾九疋　駒

但し右御役銀駄壱疋弐匁、駒壱疋ニ付壱匁五分宛、五月十月両度ニ上納仕候

一、表町通丁数五丁、町名答之通り、吹張町、田町、大町、柳町、前森町

右之通り、外ニ裏町横町、平清水、南新地、北新地、答之通り

一、当所通り敷丁場千三拾九間、但し吹張口ゟ前森町迄、但し市中間数千間余

（中略）

一、御家中侍分七拾八軒も可有之、御歩行以下四拾軒も可有之事

一、御組下百弐三拾軒位可有之事

（中略）

一、当所市町月々九日宛、答之通り

但し二日、五日、八日、十二日、十五日、十八日、廿二日、廿五日、廿八日

〆九日也

一、当所御役屋文政五午年御普請ニ被成置、御役人様交代御詰合諸御用御取扱被成候事

一、当所御支配　知行高弐百七十七石　湊　曽兵衛

吟味役　同三拾石　　　　竹内源左衛門

（中略）

一、当所役人　　肝煎両人、後見役壱人、長百姓拾人、十代五人、駅場役両人

（中略）

一、当所酒造家拾壱軒、答之通り

（中略）

一、当所質家業之者九軒、答之通り、内藤吉兵衛、長沢源八、伊勢屋三之助、後藤伊八、藤田九平、小川長右衛門、佐藤清右衛門、佐藤久右衛門、加賀屋仁右衛門

一、当所大工、拾七人

一、当所木挽、壱人

一、当所鍛冶、五人

一、当所銅銀　三人

一、当所産物、長命竹」(2)

村高は一、六一二石余で、田方が一、五四八石余と九六％を占め、佐竹氏の直轄分が一、三八〇石余で、残りの二三二石余は五九人の家臣分であり、いかにも零細なものであったことを示している。

さて、その湯沢町での給人たちの様子を見ておこう。秋田藩の財政を担当していた本方奉行の石井忠運は宝暦十四年（一七六四）四月から一か月余にわたって仙北・平鹿・雄勝三郡の給人や足軽の所を廻って借上銀の説得を行っているが、五月五日に横手から湯沢にやってきていた。横手では「三日・四日逗留色々と掛合せ候得共、出銀無

之」と説得は失敗であった。「八つ半時湯沢町へ着申候、道程五り、宿大町高肝煎五郎右衛門と申者に候、御賄主兵馬殿へ参上、御対面有之候、段々此度之御用向も御咄申上、明日於御宅御与下御足軽等迄申含候趣申上候」と湯沢町では佐竹南家に挨拶し、用向きを伝え、翌六日には「於広間与下一同に相揃演説之趣毎度之通、畢て御足軽・御升取へ申含右相済」と給人や足軽等を集めて出銀の趣旨についての演説を行っている。演説後に「於別席組頭大野長右衛門・芳賀久米之助、御足軽指引役斉藤佐太夫忌中、益子太郎兵衛并家来三人共相揃、段々重き被仰含御太切之御時節故、何も得と思案致、何卒御用に相立候様猶被申含、兵馬殿にも是迄被仰含之由には候へ共、弥被仰含何も深切之存寄相尽候様に致度旨申諭、御書付も相渡候」と組頭等へ更に丁寧な説得を行い、賄主宛の藩主からの書状も渡していた。そして石井ら一行は「右相済、兵馬殿御対面被成置、昼食御振舞可被下由被仰、盃中にも御出、角々丁寧之御申にて、家来共三人罷出馳走有之候、右相済、御庭など見申候て帰宿致候」と昼食の接待を受けている。しかし丁寧な饗宴にも拘わらず、給人たちの返答は「組頭大野長右衛門・芳賀久米之助拙宿へ罷越（中略）両人申候は、先日被仰渡在之、以来面々所存も相尽、決心致罷有候、此度之御用何卒出情出銀仕度存寄も御座候得共、一統相窮候者共にて、才覚手段も無之候、仍て一町限申合、小分宛も指上申度候（中略）此度被仰含候十ヶ一にも銀高行届候事に無之、金子壱両くらいも指上度由に御座候」といたってシビアなものであった。これには石井らも困惑し、「御深切は相立候得共、当時之御用御弁達には不相成事に候間、右如何様共被相暮候方は他借等之手筋も在之間敷哉、尤只今不被指上候とも、秋中当暮迄に調達有之候ても詰り不暮候間、此上被相尽、押付院内より罷帰之砌、治定之御受被仰聞候様にと存候」と出銀の回答は院内銀山の帰りによるので、その時迄に再考して欲しいと云わざるをえなかったのである。一方、足軽たちは「御足軽指引役益子太郎兵衛罷越、今日被仰含之趣奉承知、（中略）惣人数にて銀百弐拾目調達仕、只今指上申度小頭四人召連持参仕候」とすみやかに出銀に応じていた。これには「軽き者ながら深切之存寄、委曲久保田へ可申上候段申含、小頭四人へ対面可致申談、逢候て出精深切之段称美致候」と石井らはいたく感動していたのであった。

この湯沢町での説得活動で申し渡しを受けた者たちは「給人惣人数百弐拾五人之内、公用病気引残り百弐人、御足軽六十人之内、右同残五十弐人、御升取弐人罷出申渡候」であった(3)。

秋田藩では元和元年（一六一五）に秋田六郡八三八か村を八四郷に分け、親郷には親郷肝煎を置いた。雄勝郡では八郷八八か村となり、湯沢町は岩崎郷一六か村の中に入っていた。秋田藩では地方支配のシステムとして各郡に郡奉行、その下に複数の郡方吟味役、更にその下に複数の郡方見廻役、そして末端に郡方足軽を置いていたが、郡方吟味役と郡方見廻役は交代で御役屋に常勤していた。雄勝郡では西馬音内村と岩崎村に御役屋があったが、文政三年（一八二〇）十一月に岩崎御役屋が廃止となり、湯沢町に御役屋が設置されることになって、岩崎郷も廃されて湯沢郷となったのである(4)。

文政五年五月に湯沢町商人たちは佐竹南家の家老から御用金の賦課が命じられていた。「湯沢御屋敷御家老中村伊太夫様ゟ被仰出候ハ、此度御銭千貫文御調達ニ付、内四百貫文者御用達内藤久兵衛、本庄屋長右衛門、藤木忠四郎、佐藤久右衛門右四人江被仰付、残り六百貫文五丁如何様ニも相成候御百姓へ被仰付、御植立松木四千本、当時四寸角ニ相成候分ゟ長木程之松木迄、銘々勝手ニ山廻ニ而御伐被成置候、右四千本六百貫文ニ買上可申候、尤右松木後年ニ至生木致候迄幾年なり共立置候而も不苦候間、勝手之節伐取可申候、右松木買上候者之内、御山廻江植立望之者有之候ハヽ、可被任置候、此度御処用ニ而被仰出候間、銘々呼置、是非御請申上候様早々取扱可致抔と有之候」と領主側では一、〇〇〇貫文の内四百貫文は有力商人であった小川家を始め四軒に割当て、残りの六百貫文は五つの町人町の商人たちに賦課し、藩の松木で相殺を提案していた。これに対して町人側は「右被仰渡候ニ付、早速差上候、銘々呼置申聞候得共、松木買上六百貫文之御請出来不仕、数ヶ度相談為致候所、松木一円不申請、為冥加之金子三拾両明後申ノ春迄差上申度、右ニ而御免被下置候」と難色を示し、文政七年春での三〇両の冥加金の上納を申し出ていた。彼らはその理由として「当年ハ湊間杉忠助方ニ差上り、御百姓之内多人数掛り合莫大有之、其上一昨年願申上候当所仮御役屋御普請ニ、当時ゟ取掛り五百貫文余出銭相向居候間、乍恐御勘弁被下置度」と文政三年に御役屋建設資金を負担したばかりであると陳弁していた。しかし領主側は「遅々申上候得共御承引無之、御本方役赤沢小右衛門様御代九十郎様へ直々御催促、銘々江被仰渡候」と承知せず、「吹張町七人〆一三〇貫文、田町一〇人〆八五貫文、大町六人〆七二貫文、柳町一六人〆二五三貫文、前森町三人〆六〇貫文、惣〆六百貫文、人数合四二人」と町人町の商人たちへ賦課を命じたのである。「右被仰渡、又々肝煎御催促被成、右人数へ被仰渡候間、申諭候て早速御請可為申上候、何程御申訳ニ及候ても曽て御承引不被成置候」と町人たちが変更を求めたが、それに応えず押し切っていたのである。(5)

注

(1)『秋田県の地名』一七七頁、平凡社、一九八〇年
(2)国文学研究資料館史料館蔵・湯沢町文書「天保九年御巡見使様御下向ニ付当処ゟ御案内ニ罷出候者覚書」
(3)『第二期新秋田叢書・石井忠運日記』第四巻四三六頁、一九七三年
(4)『湯沢市史』二二三頁、一九六五年
(5)前掲史料館蔵・湯沢町文書「文政五年覚書」

三、秋田藩買米政策と小川家

秋田藩では年貢米の多くを「為登米」と称して上方・江戸へ送り、貨幣に換えることで藩財政を支えていた。この土崎湊や能代湊からの「沖出し」は、例年年貢米が確実に確保されている間は大きな破綻を見せなかったが、一度凶作が起これば、領民の飯米確保のために「沖出し」は中止せざるをえなくなり、そのため上方商人との取引が円滑を欠く事態が生じてしまうのであった。藩当局としては領民の飯米確保と同時に藩財政を維持する上での「為登米」確保と云う矛盾に直面せざるをえなかったのである(1)。

寛延元年（一七四八）には餓死者が出ており、同四年には他領との交易を厳禁し、宝暦五年（一七五五）では凶作を予想して大坂廻米及び売り米・沖出米を禁止している。また同六年には東北地方での大飢饉発生から米価が暴騰したため、秋田藩では二月九日に米の強制買上げを実施し、米座を設定しており、同月二十日には御米買米仕法の徹底を図るために、仙北地方の有米調査とその強制買上げの方針を決定していた(2)。

宝暦十年（一七六一）五月には江戸表の米屋四名を罷免して、新たに三名を任命し、同十一年九月には「大坂御米払森田作兵衛」を罷免している。同年十一月上方では「大和屋長左衛門御蔵元に可相成趣之所違法致、其後賀嶋喜斉と申者、新蔵元に可罷成模様之所、是又相違致候」と後任が決まらず、同十二年閏四月に至って「上方御蔵元御用御免被成、只今迄仮御用にて御用被相弁候所、於大坂鳥羽屋喜兵衛・助松屋伊兵衛・水野平八郎右三人向後御蔵元被仰付」と漸く決まったのであった。藩財政の基本である年貢米の上方・江戸での売り捌きを担当する蔵元たちの粛清を行い、その後任がなかなか決まらなかったと云うことは、この時期が藩政にとって重大な転機に直面していたことの反映であった[3]。

宝暦十四年（一七六四）五月二十五日には「御采配甚御難渋、舟手御手当為川への御渡米、水野へも少分にも不被相渡候へば不罷成に付、蔵宿へ有米の内、三歩通可被借置段、被仰渡候」と折角決まった大坂の蔵宿水野平八郎へ「為登米」を渡さなければならず、上方からやってきた船頭たちも廻米なしでは承知せず、一方、領内は前年の雨天続きの悪天候から不作の影響が強く残っていたので、まさに藩当局者が苦渋に直面していたことが分かる。そこで藩は「去作非常の不熟に付、毛引莫大有之上、追々収納相滞御米甚乏、当御廻米可被成御手当無之付、無御拠上方御蔵元へ御断被成候所、遠境違却在之、御雇船十艘着岸、船頭水主及迷惑候付、定の運賃の内三歩通於此表被渡、右御手当米等いか様共御指配可被成様無之、諸向御渡方共甚御指支に相至候、然ば御領中一統米不足に付、先頃より土崎湊沖口被指留候得共、当時右段々の通にて一向御米指配御差支に付、当時湊問屋蔵宿有米の内、三歩通御借上被成候、左候はば残七歩通願申出次第沖口可被差出候条、米主并蔵宿より可申出候、右米の内には上方旅人引受の分も可在之候得共、此節上の御指支の儀を奉存、有米一統三歩通御借上の儀宜申諭早々御受可申出候」と云う命令を出したのである。蔵元が所持している米の三〇%を藩が借用して「為登米」とし、その代わり蔵宿に残る七〇%の米は出願次第に津留を解除すると云う措置であった。そして返済方法は「尤当十一月迄に新穀を以壱歩半の利足被相加御返済可被成候（略）御引当の儀は一、旅人町人等は久保田・土崎湊両所御蔵米の内可被相渡候、（略）一、在々米主は其村并近在収納米を以可被相渡候」と云うものであった[4]。

六月六日に至り、藩では「三歩通御借上被成候ても殊外米不足と相見得候、仍て御買米被仰渡候はば、六七千俵も相調可指上候、御返済は当秋新穀にて当時の直段へ一割利足加へ、新米直段を以御蔵より可被相渡候、若御米不足に候はば、来年湊役銀を以御算用被成下候」と有米の三〇%の借り上げでは不足すると判断して、湊問屋間杉五郎八と船木助左衛門の二名を呼んで藩の吟味役が内々に持ちかけたところ、彼らは「五千俵は両人買立上げ可申候、残り五千俵は外問屋へ被仰付、尤右割合へは両人も入可申候、左候得ば外問屋へ相当候分は三千俵程にも可有之候、秋中新米にて御返済残候はば、役銀を以可被下分利足壱割半に被成下度候、左候得はば壱万俵程惣問屋より買立可指上候」との返答であった。しかし藩では切迫しており「両人申上候通可申渡」とし、これによって「最初三歩通御借上の儀は御免に申渡」となったのであった。[5]

同月七日に藩では米不足の状態から「水野為川江御渡米無之、乍爾一向御断被成候ては、江戸上方共早速より御難事到来可致候付、御無理の御繰合にて成共、弐千石計宛も被相渡、其余は御手及兼候趣を以可被仰候、湊御買米壱万俵出来候ても、弐千石宛も被相渡候外無之事に相見得候」と大坂蔵元の水野と手切りすべきかどうかが議論されていたが、八日に「水野へ壱万三千石御渡不被成候ては、明年度壱万五千石の先納不指出、於江戸御指支見得候事故、其所被思召居成丈、此表より御仕送可被成御覚悟を以」と江戸藩邸での障害が生じるとして継続を決め、土崎湊の問屋から「湊問屋共壱万俵御買米の御受申出候、当秋新米相場次第御返弁、利足は壱歩に被成下、若不足分は明年船木・間杉両問屋出入役銀を以、当十一月より壱歩半の利足にて御算用被成下度」との申し出を了承することにしたのであった。[6]

同年十一月二十七日に秋田藩町奉行は湊問屋間杉五郎八・船木助左衛門へ新米の払米を打診した。両名は旅人たちと掛合い、「六千石御払申受度旨最初申出候」と申し出たが、藩側では「石数来春に至御手支の程難計候故、四千石計の都合に致度」としたところ、間杉等は「今日書付にて申出候は、四千弐百石御渡被下度候、内弐千百石地廻、同弐千百石仙北にて申受度候、地廻は壱石弐拾五匁四分、仙北は弐拾三匁五分五厘にて、都合銀高百弐貫七百九十五匁、内只今金弐百両可相納候、銀六貫四百目閏十二月十五日可相納候、残八拾三貫九百目余は、於上方納置申度、尤来春四千弐百石は沖出役御免被下度」と申し出て、藩側は結局それを了承し、十二月二十一日には土崎湊で三、〇〇〇石の払米が行われたのであった。[7]

明和二年（一七六五）二月には四名の御用米調達掛が任命され、[8]五月には一万石の調達達成に間杉・船木両問屋の働きが大きく、藩側では満足の意を両名に示して、六月七日には御目見が許されていた。[9]

明和四年では廻米三万六、〇〇〇石、別米二万石が計画された。これらの廻米が順調に集められれば問題は生じないのであるが、この年は閏九月になって作柄が極めて悪く、翌五年三月には「為御登米一円無之」と云う事態となってしまったのである。このため藩ではただちに湊惣問屋に三万石の買米を命じ、中村多兵衛と間杉五郎八は一万五、〇〇〇石を請け負っていた。しかし五月になっても予定量を確保出来なかったのである。[10]

明和六年三月には前年の不作から「沖出しばらく被指留候様仕度申出に付、二十六日迄被差留」と沖出が禁止されたが、すぐに再開されている。そして五月十九日には三万石の御買米を行おうとしたが、「御買米中村等世話にて、是迄壱万六千五百石御受申上候、此余之処は見届も無之段茂助殿へ間杉申上候」と一万六、五〇〇石の買米は中村多兵衛や間杉五郎八の世話で都合がついたのであったが、あとは全く目途がたたなかったのである。そこで藩の財政方では「仙北米持共弐拾六人為登米壱万四千石余御買米御頼可然旨申上候」と米穀生産地帯である仙北地方（仙北・平鹿・雄勝三郡）の米商人たちを動員しようと提案したのである。これはすぐに取り上げられ、「下仙北御代官御催促被仰渡」と代官へ米商人たちを久保田城下に招集することが命じられ、五月晦日には代官と二七人の米商人が集められ「今夕源左衛門殿於御宅、弥太郎殿・弥五左衛門殿・茂助殿御揃、壱万弐千石被相頼候、御返済は当暮収納銀米を以半分、来年出入役を以半分、両度に御返済可被成段御代官へ被仰渡、畢て御百姓共へ被仰含候」と調達を依頼したのであった。[11]

六月二日に「仙北米持共へ被相頼候壱万弐千石筋、廿七人へ調達、御代官手元にて人別に申含、右石高指上候様被仰渡候所、今日御代官五人罷出、私共手元にて人別に割付候儀難相成候、上より被仰渡候様仕度旨書付を以申上候」と代官たちが申し出たので、財政方は「内々茂助殿中村等へ被仰含、人別之割合書出候、右石高を御代官切に〆高書付、此石高被相頼候間、此度之人数江割渡、尤米高無欠様何分取扱、御用相弁候様可相尽旨被仰渡候」と湊問屋の中村多兵衛等と相談して割り振りを行ったのである。(12)

ところが九日に「先日仙北御百姓共へ被相頼候調達米之儀、内々御聞繕候訳柄も在之候、湊問屋ともへ当人共掛合候様御代官に可被申含候（略）今日御代官中江於広間申談候」と米商人たちと湊の問屋が直接に掛け合うように代官へ指示し、その結果を質したところ「然所是迄御代官取扱一向不相弁次第、以書載今日申上度由にて、当人共願口上書等も持参、其次第数々申聞候」と米商人たちからの願書が多数代官を通じて出されたのである。藩側では「百姓願書は一先御代官手元に指置、御代官申立候書載計受取合申上候所、御百姓共申出候口上書は御代官より返し置、湊問屋共へ何にも当人共懸合候様、猶可申含旨被仰候」とあくまで米商人と問屋との直接交渉を指示していた。(13)

六月十九日には「此度仙北より被召呼候弐拾七人之者へ、人別調達米石高割付、御代官江此通申渡候様被仰渡候」と調達米が割り付けられ「御返済は三ヶ弐向々収納之内にて可被相渡候、三ヶ一は来年出入役にて御返済可被成候」と決まったのであった。(14) しかし同月二十四日に雄勝郡の代官清水万四郎等四名がやってきて調達米の「御受日延之儀申聞候、併湊江罷越問屋掛合之次第不得其意事内々申聞候」と交渉が進展していないことを報告した。財政方が「湯沢町越前屋治左衛門壱人無相違御受申上候、残り人数為掛合候次第甚被仰含候御趣意に不相叶に付、同役共并関　伊左衛門相揃、於御広間右四人江此上被仰含御趣意に齟齬致候」と代官たちの説得を行っている。(15) 七月六日には藩の重役である年寄衆が代官を呼び出し「御代官五人江年寄中御対面、御調達米之事被仰含候」と説得を行い、会所には米商人たちが呼び出されて財政方から「早々申渡候」と督促が行われている。(16) そして同月八日には年寄衆が登城を行って代官へ「此度御買上米御受筋及延行候儀は、畢竟世上米不足故之事に可在之候得共、当月廿五日迄に上納不相揃候ては、御廻米御間合兼、船積時節相渡大切之御指支に相至候、依て被仰付候石高之内、勝手之者は半分代銀にて上納不苦候、米壱石四拾八匁直段を以岩崎万三郎江可納候、米上納之分は御送俵に相成候間、早々御蔵江上納可申候」と正式な命令を発したのである。(17) 同月十七日には再び仙北下筋の代官たちを招集して財政方は「此度御米壱万弐千石調達之儀、仙北筋御百姓弐十七人被召呼被相頼候得共、御受筋尺取不申、時節甚相後、最早御手支に及候、仍各弐拾七人江米壱万石被相頼候間、早々相調指上候様出情可被申候、尤半分銀子相加候て、大坂此表にて上納之儀不苦候」と二七人全員による一万石の調達米を命じたのである。(18) 同月二十日に至り、一万二〇〇〇石の内、五、八〇〇石の調達が出来たが、残り六、二〇〇石が未調達なので、この分を二一人の米商人で調達するように代官へ指示を出している。(19) けれども調達は難渋を極め、同月二十八日には「此度被仰渡候内、三ヶ一米、三ヶ弐銀上納可仕旨御代官江被仰渡」と当初の方針を変更せざるをえなくなっていたのである。(20) 此の調達米一件が漸く解決が見えてきたのは「御代官此度被仰付候売上米之事、段々御受け申出候」と八月八日以降のことであった。(21)

さて藩側が指定した御買米商人である「仙北筋御百姓弐十七人」の中に本章の小川家が入っていたのかのかどうかは二七名の名前が明らかではないので不明である。

そこでまず小川家の初代本庄屋長右衛門庸元が書いた明和七年の「身上説述歎願の口上書下書」で、秋田藩の御買米政策へ小川家がどう対応したのかを見てみよう。(22)

初代の長右衛門は「私事平鹿郡新関村出生之ものニ而、湯沢町江手代奉公仕、其後自分ニ小商心掛、借屋仕、横堀村市掛はんそふひさき・はし木・かえしぎ相調、又は岩崎村ゟ菅笠相求、其外稲庭村沢目ゟざる相求、背負出市掛渡世仕候」と出身が雄勝郡岩崎村に接する平鹿郡新関村（現十文字町佐賀会）で、湯沢町のどこに奉公していたのかは明らかでないが、手代奉公の後に、借家ながら独立して岩崎村や稲庭村周辺の村々からざるや菅笠を背負い、四・八の六斎市が開かれていた雄勝郡横堀町（現雄勝町横堀）や二・五・九の九斎市があった湯沢町での商いを始めたのである。

しかし「十六ヶ年以前大不作ニ付、右市掛渡世ニ不相成、翌子ノ年暮可申様無之、家内露命漸々取続罷有候」と東北地方一帯を襲った宝暦五年（一七五五）の大飢饉に遭遇して市掛商いもままならず、一家は窮迫に追い込まれたと云う。そこで「湊加賀屋忠兵衛事ハ、湯沢出生ニ而世悴友達故、忠兵衛所江罷越」と湯沢町出身で知人であった土崎湊の小宿商人であった加賀屋忠兵衛を頼ることにし、「同人相頼、旅人ゟ古手少々翌春延ニ借入売払、右代銭ニ而梨子・栗・串柿等相求、久保田・湊江船便ニ積下ケ売払、返済仕候」と加賀屋忠兵衛の紹介で土崎湊に進出して来る他国商人から古着類を前借りし、それを湯沢町周辺で売り捌き、その売上金で串柿等を買い求めて、久保田城下や土崎湊で売却して、他国商人へ代金の返済をすると云う商いを始めたのである。この商売を続けるうちに「自然ニ忠兵衛方江参候旅人も心安ク罷成、忠兵衛相頼少々銀子借受、米少々相調湊下ケ、右米ニ而勘定致候事も御座候、又は脇方へ相払、銀子ニ而返済仕候年も御座候」と他国商人との間に信頼関係も築くことが出来るようになったことから、米買い集めの代金を借り受けて、米の仲買をする商売へと商いを広げていったのである。

長右衛門は宝暦八年（一七五八）に米五石を藩へ上納しているのを初めとして、明和二年（一七六五）に銀七五匁、明和三年に米一〇石を上納しているところをみると、急速に商売が軌道に乗っていったものと考えられる。

「右躰之渡世仕罷有候事ゆへ、御田地ハ所持不仕」と、当初は田畑の所持はなかったが、「漸々居屋敷・古家・蔵、直段下直を幸ニ相調、御百姓ニ罷成候」と湯沢町に屋敷を持つことが出来るようにもなったのである。

宝暦十一年（一七六一）の「米買覚帳」を見ると、六郷町で五〇〇俵、長右衛門の出身地である新関村で四九三俵余を買い集め、その他は倉内村四五九、深堀村四一七、川原村二四八、下関村一九四、貝沢村一五七、大嶋村一一六、小野村九〇、金屋村三二、須川村三一、酒巻村一五、新所村一四、上関村六と今日の湯沢市・羽後町・雄勝町の一二か村で二、七七二俵を集めている。そして「内ノ治助買米」が一八六俵あり、また内買分が一三三俵、その他三五〇俵があったので、全体では三、四四一俵余を買っていたのであり、この総費用は銭で八八五貫文余であったから、かなりな米商人へ成長していたことを知ることが出来るのである。[23]

このようにして米商人として登場することになった小川家は、前述の秋田藩の「御買米」政策とどう関わりを持ったのであろうか。

長右衛門は明和三年夏に藩から御買米一五〇石の命令を受けた。これに対して長右衛門は「御受仕兼、色々御訴訟申上候」と断りを言上したけれども、藩側は「御丁寧ニ被仰含、右石数相欠候而ハ、御大事ニ相至候段、連々被仰渡、尤秋中御返済毛頭御相違無之段、御書付を以被仰渡候」と秋収穫の年貢米で返済することを誓約した文書まで渡して説得を行った。このため長右衛門は加賀屋忠兵衛を仲介人に他国商人から借り受けて上納した。藩側は「本銀御返済無之内は、御利足ニ御向高弐拾七石七斗被下置」と利息分として高二七石六斗が与えられたのであったが、その後、元金の返済がなされず、二七石七斗は預けられたままであったが、明和六年には藩へ借り上げられてしまった。このために他国商人からは数回にわたって催促され、利息の返済にも差し支えてしまい、困惑していたが、明和八年八月になって二七石七斗は「御朱印被下置」と長右衛門の所持高となったのである。[24]

明和三年秋には他国商人から塩・古手を借入、それを売却し、その代金で買い集めた米穀を土崎湊へ積み下げたところ、再び藩からその三分の一を御買上米として上納が命じられていた。辞退を申し出たが許されず「米百弐石弐斗弐升三合加賀屋忠兵衛・岩見屋五郎右衛門両蔵ゟ御上納、右代銀御借居ニ被仰付」と上納したけれども、代金は借り上げとなってしまった。この時は小野村の八之助から二九六俵余、八左衛門五〇俵、助左衛門一〇俵、伝兵衛三俵、久兵衛・角右衛門・彦左衛門各二俵の合計三六五俵余を「御買米分」として集めていた。

明和六年五月には調達米二〇〇石が命じられた。これは前述の秋田藩が「仙北米持共へ被相頼候壱万弐千石筋、廿七人へ調達」の一環であり、代官清水万四郎は「此度調達米之儀ハ何ぞ是迄之御用米等之次第ニハ無之、秋中新穀を以御利足御加江御返済被成置候、何れ之村方ニ而茂勝手望候ハヽ、御物成御差上ケ、米之内ニ而可被下置候」と従来の御用米の場合と異なることを強調して説得にあたった。長右衛門も「何方ゟ成共借出差上、御急用御間似合候様ニ可仕」と引き受けることにした。早速に加賀屋忠兵衛の所へ行って相談したところ、「毎々ゟ借方一向片付兼、差置候事故、取受不申」と断られてしまった。そこで代官が忠兵衛へ書面で長右衛門へ命じた経緯を説明したところ、「御代官様江忠兵衛罷上り（略）長右衛門へ被仰付候調達米才覚成兼候而ハ、同人迷惑成儀被仰付候事も不相知候間、此度長右衛門相救候と存」と忠兵衛は乗り出すこととなったのである。けれども「忠兵衛才覚ニ取掛り候得共、同人方江参候旅人ゟは借ふさけ、返済筋相立兼」の状態であったので、同じ湊小宿商人の本間太兵衛へ交渉し、「同人方へしたり居合候旅人古川屋平兵衛と申すもの江掛合、秋中ハ調達米三ヶ弐通湯沢町・山田村両所御物成米ニ而申受相渡可申、相残り三ヶ壱之分、当春沖出御証拠申受、指添相渡可申内々相定」と交渉が纏まり、証文には加賀屋忠兵衛も加判し、代官が裏判したので、ここに二〇〇石の上納が実現したのであった。

さて、それでは明和六年の実際の買米状況はどうであったのかを示したものが表1である。湯沢町内の者から一一六俵余を購入し、その他二六か村から買い集めている。また三田米（散田米）の残り一九四俵余を、この中に含めていた。長右衛門はこの段階に至って、上関村、酒巻村、杉沢村、高松村、新所村、倉内村、相川村、深堀村、石塚村の九か村に三田米二九八俵余を確保しており、この年は飯米等に一〇四俵を差し引き、残り米を売り米に回していたのである。[25] この他に塩田屋伊助と共同で貝沢村米一、〇五一俵、大森村米一、〇〇〇俵、山田村米七二八俵、大久保村米三一六俵の合計三、〇九五俵の買米を行っていたのである。

なお、二七石七斗の拝領高の内、一四石五斗余が相川村で与えられていたことが分かる。[26]

表1　明和6年の買米状況一覧

村名	俵数	村名	俵数
新関村	595	赤袴村	50
角間川村	358	倉内村	30
大戸村	350	下関村	28
小野村	296	飯田村	24
貝沢村	295	関口村	19
新田村	295	須川村	17
大久保村	214	浅萩村	10
湯沢町	116	院内村	10
深井村	100	八幡村	8
新所村	70	桑ヶ崎村	6
横堀村	65	大嶋村	2
相川村	65	上関村	2
石塚村	62	酒巻村	2
中　村	50	三田米	194

注

（1）金森正也『近世秋田の町人社会』三三五頁、無明舎出版、一九九八年
（2）『秋田県史第七巻　年表索引編』一九七七年
（3）前掲『石井忠運日記第四巻』一一一頁
（4）前掲『石井忠運日記第五巻』八頁
（5）前掲『石井忠運日記第五巻』一四頁
（6）前掲『石井忠運日記第五巻』一五頁
（7）前掲『石井忠運日記第五巻』九二頁
（8）前掲『石井忠運日記第五巻』一五四頁
（9）前掲『石井忠運日記第五巻』二三二頁
（10）前掲金森論文三四六頁
（11）前掲『石井忠運日記第六巻』一三八頁
（12）前掲『石井忠運日記第六巻』一三九頁
（13）前掲『石井忠運日記第六巻』一四一頁

(14) 前掲『石井忠運日記第六巻』一四二頁
(15) 前掲『石井忠運日記第六巻』一四四頁
(16) 前掲『石井忠運日記第六巻』一四八頁
(17) 前掲『石井忠運日記第六巻』一四九頁
(18) 前掲『石井忠運日記第六巻』一五〇頁
(19) 前掲『石井忠運日記第六巻』一五一頁
(20) 前掲『石井忠運日記第六巻』一五三頁
(21) 前掲『石井忠運日記第六巻』一五五頁
(22) 湯沢市立湯沢図書館蔵・小川家文書「明和七年身上説述歎願の口上書下書」
(23) 前掲小川家文書「宝暦十一年米買覚帳」
(24) 前掲小川家文書「明和七年身上説述歎願の口上書下書」
(25) 前掲小川家文書「明和六年御買米覚」、前掲『秋田県史第三巻　近世編下』一二二頁によれば、三田米は「地主制の土地保有を当地方では、三田と呼ぶ場合が多い（略）三田は名目上無符人高として取扱われている（略）実際は貢租を上納しても余剰のある土地であり、（略）領主的土地所有下の本百姓不在の土地であり、領主支配が一段と弱められた土地である」とある。
(26) 前掲小川家文書「明和六年万覚帳」

四、小川家の商業活動

仲間と共に買い集めた米三、〇九五俵はまず土崎湊で藩の御用聞役となっていた石田文五郎の所へ積み送られ、そこから一、〇三〇俵が土崎湊問屋の船木助左衛門へ、九七〇俵が杉山藤兵衛へ、六五〇俵が岩見屋五郎右衛門へ、そして本間太兵衛へ四七俵、小幡屋三郎右衛門へ一八五俵が送られたのである。その他に秋田藩御買米分が二一九俵であったが、これは中村多兵衛へ送られたのである[1]。

米三、〇九五俵の代銀は四一貫八二一匁であったが、この内、米六五〇俵（石にして一八五石二斗五升）は「沖出御証拠」として保管され、その代銀分は二貫三七匁七分五厘であったので、それを差し引くと三九貫七八三匁二分五厘であり、この蔵敷料が三％（一貫一九三匁五分）であったから、残銀は三八貫五八九匁七分五厘であった。しかし二一九俵の御買米分（二貫九四一匁九分）は明和六年八月の時点では支払がなかったので、現銀はその分を差し引き、三五貫七四七匁八分五厘であり、これは塩田屋伊助との仲間買いであったから、二つに割って長右衛門の手取り分は銀一七貫八二三匁九分三厘であった[2]。勿論「御買米方へ払合せ、追而渡り次第受取之筈」であったが、同年暮れに代官から「湯沢町・山田村両所御収納銀之内ニ而三ヶ弐御返済被成下」と三分の二については返済されたけれども、残りの三分の一は明和七年春に再び調達米の命令が出されて、その代銀と相殺されることになってしまったのである[3]。

この仲間米三、〇九五俵を含めて、明和六年の小川家が土崎湊の商人たちへ積み出した米穀数は、石田文五郎へ四、五一二俵、加賀屋忠兵衛へ一、一八八俵余、船木助左衛門へ一、〇三〇俵、杉山藤兵衛へ九七〇俵、岩見屋五郎右衛門へ八一三俵余、菅原久三郎へ五八五俵、本間太兵衛へ三七四俵、小幡屋三郎右衛門へ一八五俵と合計九、六五七俵余であった。

この米以外には、どのような商品を長右衛門は雄物川を積み下って運んでいたのかを見てみると、莨四一四箇（一箇は五〇斤入と一〇〇斤入があった）、地水油八樽、荏粕六六俵、串柿三五箇（一箇に一〇から二〇入）であったことが分かる。この見返りとして土崎湊等で何が買い求められたのかを見れば、加賀屋・本間・石田・岩見屋等から砂糖七瓶、竹原塩一、四七〇俵、繰綿一一本、古手一、一七五枚、単衣物一八〇枚、夜着一一枚、茜一〇反、縞四六反、しぼり二反、半切六〇枚、近江表二〇枚、半紙七菰、厚紙一五束、蛇の目傘二〇本、茶五本、水油五樽、〆油一〇樽、鯨五樽、鰹節七〇〇本、保田魚（塩引き鮭）二、六四七本、早割鰊一、一〇〇束、鯖四、三八〇枚、大いわし四俵、油子二樽等であった。

これらの取引について、岩見屋五郎右衛門との場合を取り上げて見てみよう。岩見屋から塩六九〇俵と古手三九〇枚、夜着七枚、鯨三樽を買い求めていたのであるが、この支払が銀九貫六七六匁六分二厘と銭二二貫三〇七文であった。けれども莨三三箇分の売渡代金が銭一七貫三五〇文あり、また米蔵敷料五〇〇文があったから、これを差し引くと銭の残額は五貫四五七文であり、これを銀に換算すると八四匁となって、商品の差引勘定では銀九貫七六〇匁六分二厘を岩見屋に支払うと云うものであった。しかし、前述のように岩見屋へは米八一三俵余を売り渡していたのであり、この内一六三俵余は秋田藩の御買米分で、しかも三分の一上納の扱いであって、明和六年中には入金がなかった。このため米代金の収入は六五〇俵分の銀一〇貫一五五匁であった。したがって実際の岩見屋との決済は銀一〇貫一五五匁から銀九貫七六〇匁六分二厘を差し引いた三九四匁三分八厘が長右衛門の手取り分であった。この他に明和四年の差引残額が銀一〇匁九分九厘と明和五年の貸金残額の銀六匁八分五厘も、この時に精算されたので、長右衛門が明和六年に岩見屋から受取った金額は銀四四二匁二分二厘であった。

それでは土崎湊等で買い求められた商品は、どこへ運ばれて売り捌かれていたのであろうか。雄物川流域の大曲村では塩谷甚多郎に保田魚一、〇〇五本、早割鰊四五箇（一箇に四束入）、油子二樽、古手四〇枚、湯沢屋六右衛門に保田魚三八五本、早割鰊四三箇、竹内千右衛門に早割鰊一五箇を売り渡していた。角間川村では鈴木茂左衛門に保田魚六八五本、早割鰊二二箇を、また角館町の三州屋小右衛門へは早割鰊三二箇を送っていた。さらに、河岸場のあった平鹿郡深井村の与吉と弥二郎の所へは「深井揚げ」として、竹原塩六〇俵、砂糖四瓶、縞五七反、単衣物一〇〇枚、半切二〇枚、繰綿二本、茜一〇反、近江表一箇、半紙三箇、鉄三箇、厚紙一箇、夜着八〇枚、古手二箇、〆油一五樽、保田魚五四九本、早割鰊九〇箇、鯨三樽が送られていたことが分かるのである[4]。

初代の長右衛門は安永四年（一七七五）に没したと云われており、二代目である倅の太郎吉も「私共儀御城下并ニ湊表江莨或ハ時之相応之雑物等積下ケ商ヲ以前ゟ仕来、家内扶助仕候者共御座候」と、初代と同じような商売を行っていたが、天明四年（一七八四）に書いた「願書」では「十三ヶ年以前親病死之節、私若年ニ而右商茂相成兼、其上貸方等も一円ニ出不申、湊表ゟ借受候銀主方返済可致様も無御座、必止と潰ニ及、無拠乍恐当所御屋敷様并御代官様へ御願申上候而、居宅御暇申受、家財諸道具共ニ売払、銀主方へ無残返済致度奉存候得共行届兼、漸々半金通り返済致、残り銀年賦ニ申訳、相片付申候得ハ、其以後手せばニ罷成可致様無御座、所持仕候御高三拾石余有是、右御田地守護仕、作直を以如何様共家内養育仕罷在候」と、決して商業活動が順調に発展したわけでなく、金策に追われ、家や家財を処分せざるをえないような危機にも遭遇したと述べているが、それでも親長右衛門の時代よりも田畑の所持高を増加させていたのである[5]。

そこで二代目太郎吉の時期における商業活動として、寛政十年（一七九八）の「万日記」を取り上げ、雄勝郡の代表的な産物であった莨の商いを見てみよう[6]。

この年、小川家ではまず正月廿九日に「湯沢出足仕候、古関喜八殿同道にて深井村与吉殿へ泊り申候、内ゟ銭八百文持参、内百三十五文にてのり三状調申候（　）、正月晦日大あれにて深井村に（　）、二月朔日日和にて深井村出足、深井村与吉殿へ宿払置申候、大保村迄船にて参り申候、二月二日夕大保村長助殿泊り申候、喜八殿両人分宿払弐百五十文出し申候、船頭吉五郎殿より銭三百文かり、二月四日大保村出船仕候、刈和野村迄参り申候、同村勘左衛門所へ泊り、喜八殿両人分宿賄代弐百文置申候、舟頭ゟ銭二百文かり、同五日刈和野ゟ出船にて参候所、小強首村にて船頭少々間違事有之候て、大キに隙取申候、夫ゟ段々参候所、新田村と申所へ参候へハ、風吹申候て、此所へ二夜泊り、宿払百文、きせん舟頭ゟかり、同七日漸出船、久保田へ七ツ時目出度着仕候」と湯沢町から久保田城下と土崎湊へ出かけ、この時は商いを終えて二月廿九日に「久保田出立仕候（略）七ツ時境村着、徳右衛門所へ泊り、二月晦日神宮寺村迄参候所、大水にて舟留りに相成、同村六兵衛所へとうりう仕候、三月朔日同舟留りにてとうりう、同二日漸舟きき申候て、神宮寺村出足、銭不足にて宿へ三百文置、六郷村迄参申候、六郷村庄兵衛所へ泊り、岡田和兵衛所へ湯沢ゟ之持参物直々相届け申候、同人所にてもちたべ申候、同人所ゟ銭五百文かり、内三百八十五文、右ハ神宮寺村六兵衛殿へ賄代不足、外半し壱状代、六郷村役所ゟ仕送り指置申候（略）同三日六郷村出足、横手町大和屋惣兵衛殿へ一宿仕候、四日湯沢着仕候」と三月四日に湯沢町に帰っており、次が三月十九日に出発して五月十五日に帰り、三回目が五月廿八日出発で八月九日の帰宅、四回目は八月廿二日出発で九月八日帰宅、そして最後が九月廿六日出発で十二月三日帰宅と一年間に五回にわたった出張商いを繰り返していたのである。

　商品の莨は最初が二月九日に数量は不明であるが「新莨壱丁目、五丁目共に皆々相届き申候、壱箇ニ付三百文ツヽ、外ニ酒代相払申候」と船で久保田城下の一丁目と五丁目の莨商人仲間の所へ送られている。次の着船は二月十六日で「五丁目惣四郎殿分古十二箇・新十箇、上ノ松之助舟ゟ揚申候、同伊三郎殿分新七箇ハ伊三郎殿新廿二箇ならし三貫九百文ニ相附有之候へ共、相払不申候、同人方へ古九箇上り申候、内一箇跡ゟ参ル筈」と五丁目の斉藤伊三郎と西野惣四郎へ湯沢町の松之助の船で新莨と古莨が届けられ、同十九日にも「松三郎殿分古莨三家へ参り申候、大小三十一箇内、十五箇五拾斤入・十六箇百斤入、木村分大小廿三箇内、七箇五十斤入・内十六箇ハ百斤入、伊三郎殿分十九箇内、八箇五十斤入・内十一子百斤入、右之通り三軒揚申候、三四郎船ゟ運賃百九十文ツヽ」と斉藤伊三郎や初代長右衛門の時代から取引関係がある木村清兵衛、また小川家が久保田城下の定宿にしていた金子松三郎の三軒へ送ってきていた。三月廿一日には「伊三郎殿分石印今日相届キ申候、松三郎殿新蓙同断、藤木ゟ木清右同断、木村へ新蓙上ル十箇」と湯沢町商人の藤木忠四郎分の蓙も送られてきていたことが分かる。四月十九日に「木清殿揚ケ蓙古印都合三千六百斤相届キ申候」、同廿九日にも「松三郎殿へ古蓙百斤入廿九箇、九郎兵衛殿ゟ相届キ申候」と船頭の九郎兵衛によって届けられている。九月廿八日も九郎兵衛が「蓙壱丁目、五丁目へ揚ル」と蓙仲間へ届けており、最後は十一月十九日に「木村へ蓙廿三箇正月売相届キ申候、松三郎へ同廿箇右同断相届キ申候」と届けていた。この届けられた蓙の総量がどれだけであったのかは「万日記」の記事だけでは摑みにくいけれども、それを整理すると木村分一四八箇、松三郎分二〇二箇、伊三郎分一〇七箇、惣四郎分三三箇と全体で四九〇箇であった。これらの蓙は「宿松三郎殿古蓙廿七箇四月切、ならし五貫六百五十文、右ハ湊吉之助殿へ相払申候」と一箇平均を銭で五貫六百五十文の値段に決め、松三郎分を土崎湊の村山吉之助へ売り払ったり、また「湊へ参候（略）木村分古蓙廿三箇余りかしら大きくて返心ニ相成申候」、あるいは「木村之蓙壱丁目衆に見せ申候」、また「湊三人衆参候て高松蓙見せ申候所、直附大目違ひにて出来不申候」と木村由兵衛・小寺与助・村山吉兵衛の三人へ雄勝郡高松村産の蓙を売り込んだけれども値段交渉が成立しなかったが、このように商いの中心が仲介商いであったことが分かるのである。

ところでこれらの商いはどう決済されていたのであろうか。たとえば二月廿六日に西野惣四郎から蓙一二箇分（銭六二貫八〇三文）を四月十四日に仕切る「契約書」を受け取り、四月十六日に決済として銭六二貫八〇三文を受領していたように、仕切売買を繰り返していたのである。

十一月十八日に「木村之蓙清兵衛殿分三十箇、五貫四百五十文ならし正月切相払申候」と売却し、「木村ヨリ金七拾両之内、廿両正金、五十両預りにて受取申候」であったが、「金余り高直故、一両日見合罷有申候、六貫四百七十五文也」と金一両の為替相場が銭六貫四百七十五文と銭高相場なので、両替を見合わせており、同廿三日・廿四日・廿五日も「金方直にて調不被申候に付ひかへ居申候」であり、漸く廿六日に至って「木村ゟ調之金子相庭弐十両六貫五百文かへ、三十両六貫五百十文かへ、〆五十両」と五〇両の預り手形を換金していたのであるが、小川家の商いでは金・銀・銭の相場変動に極めて気を配り、為替相場の差益を大切な利益源にしていたことであった。久保田城下や土崎湊へ出張してくることは、決して莨だけの商いのためでなく、初代長右衛門と同様に米穀売買が重要であったが、湊では雄物川を遡る荷物として「鰊舟弐百艘参候、仍て喜代松殿書状ニ五樽誂申候（略）内ノ分・藤木分共ニ湊ヨリ鰊七樽松本与右衛門出し」や、「木村由兵衛殿にて塩見鰰五、六俵調申候、樽鰰壱ツ右今日明日中本江村甚吉殿舟にて積入可申候」と鰊や鰰等の海産物を買い求めていた。

家を離れて一か月半から長い時は二か月半位の間、ほとんど「湊へ参候、間杉・岩城へ参候、小寺にて夕飯たべ、久保田罷帰申候」と云うような毎日であったが、「湊御見舞木村由兵衛殿、小寺与助殿、村山吉之助殿同人所にて御地走ニ相成候て罷帰り申候、間杉にて夕飯被下候、同夕伊三郎殿へ参候て是又御地走ニ罷成候、同夕物まね聞ニ参候」とか、「壱丁目かざりやへかんざし弐本誂申候、銀十匁遣し、かるわざ見物に参申候」、あるいは「谷橋へ角力見物に参申候」と、忙中閑ありの面もあったのである。

さて、それでは積み下げしていた莨は、どこから買い集めていたのであろうか。寛政十二年（一八〇〇）の「莨掛帳」を見ると、小野村の一六人から八、二七一斤、飯塚村四人から一、五五〇斤、境村一人一、一〇〇斤、横堀村一人二八〇斤の合計一万一、二〇一斤であったことが分かるのである。(7)

注

（1）前掲湯沢図書館蔵・小川家文書「明和六年万覚帳」
（2）前掲湯沢図書館蔵・小川家文書「明和六年万覚帳」
（3）前掲湯沢図書館蔵・小川家文書「明和七年身上説述歎願の口上書下書」
（4）前掲湯沢図書館蔵・小川家文書「明和六年万覚帳」
（5）前掲湯沢図書館蔵・小川家文書「天明四年諸口上書扣」
（6）前掲湯沢図書館蔵・小川家文書「寛政十年万日記」
（7）前掲湯沢図書館蔵・小川家文書「寛政十二年莨掛帳」

五、おわりに

以上のように初代長右衛門と弐代太郎吉の二人に関わる小川家の商業活動を見てきたのであるが、宝暦期に始まる活動の中で、第一の特色は秋田藩の御買米政策と結びついた米穀商いである。たしかに秋田藩では財政窮乏から小川家に対しても、しばしば御用金を賦課しており、初代も弐代目もそれには辟易としていたのであったが、まず明和六年（一七六九）に二七石七斗を拝領することで田畑を所持することが始まり、また明和六年から三田米の確保が開始されていたことである。この拝領高と三田米だけでなく、小川家の出身地である新関村を初めとして湯沢町周辺の農民や仲買商人から数千俵に及ぶ買米活動を行っていたことが台頭の基本的な原因であったと考えられる。また今回の調査では明らかに出来なかったが、「秋田藩では藩庫の財源である蔵入地が全領知高の約三割弱と少なく、残りの七割強は家臣（給人）の給分地（知行分）となっていた。いずれも蔵入地と給分地が同じ一つの村、一人の農民の耕作地の中に混在しているために、村や農民に対する支配が二重に重なり、非常に複雑になっていた。

つまり農民は藩の役人（代官）からだけでなく、所領・給人（地頭）からも支配され、年貢以外の雑費も二重に掛かって重い負担に苦しんでいた」と云われており、湯沢町周辺もそのような支配状態であったから、このような事態は零細な給人や農民に代わって商人を地主化に促進させる背景でもあったのである。(1)

第二には、米穀と共に莨や荏粕・串柿等を積み下し、逆に上方からの古手や松前物の保田魚や身欠き鰊を積み登らせる商いを行ったが、これらの商業行為は前金を受け取り、買い集めた商品を仲介して販売するものであったことである。そして第三は日々繰り返される金・銀・銭の三貨体制下で、その為替相場による差益の確保と云うことであった。

享和三年（一八〇三）十一月に「御屋敷様ゟ内藤久衛ヲ以御内々被仰含候御儀、御財用御難渋ニ付、此度銭八百貫文御用立可被申候（略）今般御高弐拾五石拝領可被仰付」と小川家は銭八百貫文用立ての代わりに、二五石の拝領高を入手している。(2)

また川原毛硫黄山の経営権を文政二年（一八一九）に富屋市之助から譲り受け、天保十二年（一八四一）迄二三年間、秋田藩からの請負経営を行っている。右の史料は掘り出した硫黄を土崎湊で沖出しするために、雄物川を積み下した時の記録である。(3)

「一、〇印硫黄九箇

〆六拾九箇正味拾弐貫目入

一、品印同六十箇

右之通新屋九郎兵衛船ゟ石保丁三右衛門蔵ニ入、艜ニ請取申候、以上運賃者四貫九百六十八文相渡

文政十一子四月十日

金子清四郎㊞

小川長右衛門殿」

小川家が二三年間に生産した硫黄は一万八、〇四四箇で、秋田藩へ納付した税銀は四〇貫三七六匁三分九厘であったと伝えられている。(4)

何故、天保期で請負権を返上したのか、また幕末にかけて小川家はどのように経営を発展させていったのかについては、改めて別の機会に追究することにしたい。(5)

注

(1)『近世の秋田』一二九頁、秋田魁新報社、一九九一年
(2) 前掲湯沢図書館蔵・小川家文書「文化元年御屋敷様勘定帳」
(3) 前掲国立史料館蔵・小川家文書
(4) 斉藤実則『川原毛硫黄山』一九九三年、六九頁
(5) 小川家文書は湯沢市大町二―十一―二の小川弘二家と湯沢市立湯沢図書館と東京の国文学研究資料館史料館の三か所に分かれて所蔵されている。小川弘二家の所蔵については今回の調査では閲覧する機会がなかった。今後、閲覧の機会を得る中で、不十分な点については改めたいと考えている。

庄内酒造業と羽根田与次兵衛家

一、はじめに

羽越本線の矢引トンネルを抜け、羽前水沢駅を過ぎると、前方に広大な庄内平野が視界に飛び込んでくる。この庄内平野は我が国有数の米どころであり、農地改革以前には、米作単作地での代表的な大地主地帯であった。したがって歴史研究の上では細貝大次郎氏や福武 直氏の研究をはじめとして、多くの地主制史研究が生み出されてきている。(1)

菅野 正氏等の研究によれば、庄内地域の大地主は「町方の寄生地主と手作地主から成長した在村地主とに大別出来る」と言われている。(2)そして前者では酒田の本間家や加茂の秋野家が該当し、全国的に著名であって研究も深められている。また後者の場合も矢馳の木村家、野興屋の土門家等の研究がある。(3)

これらの大地主は近世以来、自村のみならず、近隣の村落、あるいは郡域を越えて土地集積を行ってきている。このため村落によっては自村農民の土地所持高よりも、入作農民の所持高の方が多いところが生まれ、なかには、自村農民のほとんどが不在地主の小作である「小作人村」すら出現しているところもあった。このような現象の集中して見られる西田川郡大山村（現・鶴岡市）とその周辺を取り上げ、その背景を考え、従来庄内地域では、商人地主としては本間家や秋野家が注目されるなか、その影に隠れてしまっていた観のある、大山村の在郷商人地主を取り上げることにしたい。酒造業者が土地集積を行い、本業を止めて地主化する事例は各地で多数みることができるが、作徳米による利益を本業に注ぎ込み、醸造資本家へ転換して現代へ生きぬいてきた商人地主の歩みをたどってみたい。

注

（1）細貝大次郎「千町歩地主＝本間家の地主経済構造」土地制度史学第三号、一九五九年、福武 直「水稲単作大地主地帯の村落構造」『福武 直著作集　第五巻』所収、一九五九年

（2）菅野 正、田原音和、細谷 昂『稲作農業の展開と村落構造』御茶の水書房、一九七五年、一八頁

（3）本間家の研究については、『山形県農地改革史』不二出版、一九八四年、三七二頁に論文目録がある。秋野家では阿部英樹『近世庄内地主の生成』日本経済評論社、一九九四年参照。菅野則子「水田単作地帯における村と地主」日本史研究第一三一号、一九七三年、前掲菅野 正ほか『稲作農業の展開と村落構造』

二、大山村とその周辺村落の動向

大山村は元和元年（一六一五）に最上氏が改易されて、庄内藩領となったが、寛文九年（一六六九）に天領となり大山に陣屋が置かれて代官が支配し、寛保二年（一七四二）に庄内藩預りとなって以後は天領、庄内藩預りと支配替えを繰り返した。そして元治元年（一八六四）には天領から庄内藩領になり維新を迎えた。

宝暦十一年（一七六一）の「出羽国田川郡大山村差出明細帳」によると、村高一、九一三石余、家数六八九軒の

表1　文化14年大山村所持高状況

所持高	人　数
0～1石	440
1～2	50
2～3	12
3～4	10
4～5	13
5～6	5
6～7	2
7～8	6
8～9	2
9～10	2
10～20	13
20～30	4
30石以上	3
合　計	562

注）羽根田家文書より作成

村であり、郷蔵が四か所あって「是者大山村栃屋村柳原新田村郷蔵」であった。また「当村町場ニ而南部津軽秋田より上方江往還ニ而馬継宿場ニ御座候」で問屋が二軒あり、さまざまな職種が存在したが、なかでも「当村酒屋四拾壱軒御座候」とあり、名主二名のうち一名、組頭二名のうち一名、年寄一名のうち一名、惣百姓代四名のうち二名が造酒屋であったことは、大山村の性格を際立たせていたのである。[1]

表1は文化十四年（一八一七）と考えられる「名寄帳」から土地所持者の階層を示したものである。屋敷地しか所持していない者が二二五人もあり、一方、一〇石以上者は寺院二軒を除いて、わずかに一七人しかいないが、トップの五四石余の太郎左衛門、二位の八郎兵衛、四位の専之助、六位の権兵衛等、造酒屋が七人を占めていたのである。[2]

酒造業は元禄十年（一七〇二）一五軒で酒造高一、三二〇石、安永八年（一七七九）四〇軒で三、三二六石、文化元年（一八〇四）三六軒で七、六六二石、天保十三年（一八四二）三五軒で八、九〇四石、慶應二年（一八六六）には三三軒で一万一、〇三三石となっていたのであり、酒造米には酒屋の作徳米の他に買入米と「私共元来酒屋稼業仕相続罷在候処、一体米寄方不自由之場所柄ニ而難渋仕候処、近年ニ相成、益米寄不自由ニ相成（略）櫛引組御米之内千表私共へ拝借被仰付被下置度」[3]と代官所や庄内藩預役所からの貸付米で賄っていたのである。[4]

天保十年（一八三九）の年貢皆済目録では、納米九三四石余、永納一七貫四八三文余のところ、実際は酒田御蔵納二七五石余、残りはすべて金納となっており、地払いされていたと考えられる。[5]

大山村の東隣に位置する友江村も領主の変遷は大山村と同じであり、村高六〇八石余、家数二六軒の村であった。嘉永六年（一八五三）の年貢皆済目録によれば、取立辻九九六俵余、そのうち、廻米一七六俵余、給米、割返米を差引くと残米六六五俵余となり、それは与四郎（五四俵）、与次兵衛（七八俵）、八兵衛（六五俵）に引渡し、残り四六八俵が地払いされていた(6)。

このことは「川南は天領が入り組み、年貢米の一部を江戸へ廻米する外は、大半が石代納で、加茂、大山、酒田等の米商や酒造業者に対して村方相談の上、売却していた」との状況を示していたものである。なお、慶応三年（一八六七）の土地台帳では六〇二石余のうち、三六九石余が自村民持ちで、他村持ちが二三三石余であって、そのうち一六一石余は大山村の者が所持していたのである(7)。

柳原新田村も領主は大山村と同じであり、村高一一八石余、家数一〇軒の村であった。天明五年（一七八五）大山村の酒屋大滝藤左衛門は年貢不足から柳原新田村分の田地三町八反余、俵田渡口米一七六俵余を地引金三〇〇両で酒田の本間家に年季譲りし、享和四年（一八〇四）にはさらに五五四両を借り、合わせて八五四両で、二〇か年季譲りにしたが、一六年目で請け返している。慶應元年（一八六五）に大山村の郷蔵へ運ばれる年貢米のうち、三〇俵は酒屋の渡会格弥へ貸し付けられていた。また慶應三年には反別一三町歩のうち、自村農民は二町歩余しか所持しておらず、他は酒田の本間家や加茂の秋野家等の大地主が所持していて、「小作人村」の状態であったと言う(8)。

栃屋村は大山村の南隣にあり、領主も同じで村高九六二石余、家数二七軒の村であった。文化十三年（一八一六）に大山村の酒屋大滝藤左衛門は年貢不足から栃屋村分田地五町三反余、俵田渡口米一九六俵余を地引金九一五両余、一〇か年季で酒田の本間家へ売渡、年季明には一割の利息を加え一、〇〇七両で請け返す証文を入れたが、実際には二年後の文化十五年に永譲りとなってしまっていた。天保五年（一八三四）の「御貯籾取立帳」では村方所持者は九名しかおらず、所持高一三一石余、入作者は四八名おり、その所持高は七一五石余で、しかも最高所持者は大山村酒屋田中太郎左衛門の一〇〇石余、次が加茂村の秋野茂右衛門（七四石余）、三番目が酒田の本間正七郎（五三石余）であったが、その他は加藤専之助（三二石余）、石井源右衛門（二七石余）、羽根田喜右衛門（二五石余）等の大山村の酒屋の多くが所持者となっていたのである。[9]

天保三年（一八三二）の「借用申金子証文之事」では、上納金に差し詰まって大山村酒屋加藤長三郎から三〇両、鶴ケ岡町商人村井千太右衛門から四〇両の借金をしていたが、その差出人は栃屋村行事として大山村の酒屋羽根田喜内が、また兼帯名主として同じく酒屋の羽根田茂三郎がなっていたことである。[10]

嘉永二年（一八四九）では栃屋村の借金が一、〇〇〇両に達し、返済に苦慮して大山村の長三郎、庄兵衛、与次兵衛、幸五郎の四名の酒屋が融資して建直しが行われており、慶應元年（一八六五）では年貢米のうち、三〇〇俵が六軒の酒屋に納められていたと言われているが、栃屋村は事実上の「小作人村」であり、村の支配権を大山村の酒屋（酒造業）が握っていたのである。このような小作人村的状況は米出新田村、上小中村、谷地楯村でも顕れていたのである。[11]

注

（1）鶴岡市立郷土資料館蔵「出羽国田川郡大山村差出明細帳并御掟五人組帳天明八申年追加共」宝暦十一年

（2）前掲資料館寄託羽根田家文書「名寄帳」文化十四年

（3）前掲羽根田家文書「乍恐以書付奉願上候」天保二年十月、井筒屋藤左衛門、近江屋与次兵衛等大山村酒屋一四名が櫛引代官所へ出願している。

（4）『山形県の地名』平凡社、一九九〇年、七一七貢

(5) 前掲羽根田家文書「戌御年貢米永皆済目録」天保十年六月
(6) 前掲羽根田家文書「嘉永六子御年貢」嘉永六年
(7) 田原音和「庄内一農村における地租改正とその前史的条件」『村落社会研究　第八集』所収、一九七三年、九頁、『大山町史』一九六九年、一五九頁
(8) 前掲『大山町史』一六三頁
(9) 岩本成雄文庫蔵「御貯籾取立帳」天保五年。大山村の酒屋が多く登場しているが、この時点ではまだ近江屋与次兵衛の名は栃屋村で見られない。
(10) 前掲岩本文庫蔵「借用申金子証文之事」天保三年四月
(11) 前掲『大山町史』一五五‐一五七、一六五頁

三、専之助一件

前項で大山村の酒屋たちが自村のみならず、周辺村落へ土地取得で進出していた状況を見てきたが、その取得をめぐるトラブルを通してその背景を浮き彫りにしてみよう。

大山村の加藤専之助は近世前半期以来の酒屋であり、明和元年（一七六四）に同村の酒屋大滝藤左衛門と共同で鶴ケ岡八日町の大戸六郎兵衛から清水新田村の田地一町九反余（渡口米六〇俵）を三二〇両で質取した。そして天明四年（一七八四）にいたり加藤専之助が八〇両を増金して取得している。(1)

専之助は大山村に文化十四年三〇石余を所持していたし、文政八年（一八二五）の庄内三郡の長者番付に大山村から唯一登場していた人物である。(2)

弘化二年（一八四五）大山村太郎左衛門へ専之助が差し出した田地証文によれば、彼は大山村、栃屋村、清水新田村、下興屋村、山口村、金山村、上京田村、柳原新田村、馬町村の九か村に土地を所持していたことが知られる。

嘉永元、三年の二回にわたり専之助は酒造仕入差し支えのため、上京田村の田地二反五畝余を引き当てにして、同村肝煎八右衛門から七〇両（七か年季、利息は一〇両に付米二俵）を借用したが、その証文には「六年以前親類太郎左衛門江金子三拾両之引当ニ仕、御役印申請候」と大山村太郎左衛門への借用証文、しかも肝煎八右衛門の奥印がついていた。このため八右衛門は「御田地引当迷惑」と断ったが、専之助が「内実拵物ニ而御役印申請候間、早速反古ニ可仕候」と主張したことで同意している。これは村役人の奥印が形式化していたことを示している。さて八右衛門は嘉永二、三年の利米は受け取ったが、同四年以降の利米が滞ったことから、同六年に田地を引き上げてしまい、手作したいと主張したため、専之助の小作人である金山村の作右衛門が専之助の親類で酒屋の加藤幸助と加藤幸五郎へ反対を訴え、八右衛門との間でトラブルとなり、庄内藩預役所である川端役所へ持ち込まれたのである。幸助と幸五郎側は「作徳米八表半之処江、金七拾両貸付、利米拾四表ニ而者、質入之姿ニも無御座儀与奉存候」として、是迄の小作人に耕作させることと、返済金の一〇か年賦を主張した。

結局、同六年四月大山村名主与次兵衛が仲介となって和解したが、その条件は返済元金七〇両は幸助と幸五郎が二〇両宛、与次兵衛が三〇両負担し、与次兵衛は専之助が八右衛門に渡した恵比寿、大黒一対の置物を預かり、未払いの利米二年三か月分は当年一か年だけ八右衛門に耕作させることで帳消しにするというものであった[3]。

専之助は嘉永三年（一八五〇）当時、余程酒造資金に行き詰まっていたらしく、八右衛門に借用しただけでなく、各所に借用していた。専之助の多額の借金に慌てた親類は「専之助放蕩故、嘉永三年十月別宅隠居太郎と改名、悴義三郎を専之助と改名」させ、借金の対応は幸助と幸五郎が当たっていた。ところで坂野下村菅谷庄兵衛には清水いた。同五年四月に菅谷庄兵衛は専之助の田地を清水新田村の太郎左衛門と太次右衛門の両名へ又質に出し、太郎左衛門と太次右衛門は専之助の小作人松兵衛等四人へ作徳米を届けるように要求したのである。小作人松兵衛等は明和元年（一七六四）以来専之助から借り受けているので、地主の指図がなければ応じられないと拒否した。そこで太郎左衛門と太次右衛門は十二月と翌年一月、三度にわたって「大勢連土肥引込」の実力行使に出たのである。

同六年三月に幸助と幸五郎は三五〇両のうち、三〇両は本人が受け取っていないので、残り三二〇両についてはその七五両を即金で返済し、残金を二〇か年賦してくれるか、さもなければ幸五郎と同じく酒屋で親類の加藤長三郎所持の栃屋村田地を一〇か年間引き渡すとの提案をしたが、庄兵衛は自分の方から太郎左衛門等へ又質を申し入れたのだから、返してくれとは言い難いと拒否したので、幸助と幸五郎は「役所が太郎左衛門等へ返還命令を出して欲しい」と訴えたのである。川端役所では又質の状況を知って「甚タ不都合之次第相見、御扱下々もの共迚も相応ニ手落之儀も相見江候（略）表立御沙汰廻リ之事ニ相成候得者、体ニ寄不残呼出シ、相尋候事ニ至候而者」と問題視しながらも、表立てることを避け、清水新田村を管轄する淀川組大庄屋に和解させるよう指示した。それに対して大庄屋は「仮令表質入ニ無之候共、引当之御田地引上候者、無理成筋とも不奉存」と役所の指示に不満を示し、「大山ものは都而御領之御百姓抔と気嵩ニ飾リ、理然を不弁仕折、間々有之、近年御預地御引揚之頃抔ハ扱方ニ甚迷惑いたし候事御座候」と弘化元年（一八四四）の大山騒動を根に持って大山村の者たちを批判したのであった。このため川端役所では、坂野下村を管轄する田川組大庄屋に庄兵衛側を説得させたのである。庄兵衛は元金三二〇両を一〇か年賦で返済するなら応じてもよいと軟化した。幸助側は㈠証文に利米の定めがない、㈡小作替えを勝手に行う根拠がない、㈢質物をわがものにできる根拠がない、㈣一三年前に専之助が六五両で田地を質取し、それを又質してトラブルとなったが、一五両と米二俵で解決した、㈤一七年前に長三郎が二〇〇両で田地を質取し、一五〇両は返済されたが、残金五〇両と利米が滞り、そこで田地を又質してトラブルとなった。しかし利米免除、五〇両のうち一七両で解決したと前例を挙げ、減額を求めて反論したのである。

結果は同六年九月に㈠庄兵衛がこれまでの利米を免除する、㈡元金三二〇両のうち、九月に一六〇両、十二月に一六〇両返済する、㈢本年の耕作は清水新田村の太郎左衛門等にまかせ、刈取り以後は従来の小作人にまかせる、㈣従来の小作人四名へは庄兵衛が手間、夫食、肥代として五両支払うとの四条件で和解となったのであった[4]。

専之助は金銭トラブルを山口村でも起こしていたのである。すなわち山口村伝蔵の祖先が宝暦九年（一七五九）に田地を専之助に譲り渡してあった。しかし、嘉永四年（一八五一）二月にいたり、専之助から伝蔵へ山口村の田地を質入れするので、金子八〇両を借用したいと申し込みがあり、伝蔵は「兼而望居候御田地之儀ニ付、早速承知」の返事をした。その後、山口村分で五郎左衛門方から買い入れた田地も添えるから、もう八〇両増やして貸して欲しいと話があって、同年三月に伝蔵は一六〇両を専之助へ渡したところ、幸助等の親類から証文へ役印を押すことは待って欲しいとの申し出があって、役印はそのままになってしまった。伝蔵は同四年分の作徳米二七俵は受け取ったが、同五年三月に今後は作徳米を小作人から直接に受け取って欲しいと口入人から通告があったので、八月に「当秋より作徳米此方へ相届候様、小作人村方弥五兵衛、多兵衛両人へ相断候」と申し入れたが、「数十年来専之助御田地小作いたし居候得とも、大山より沙汰無之内者、作徳米難遣趣小作人被申」と拒否されてしまった。そこで同六年二月にいたり、「御田地引上、私手作」を小作人に通告した。ところが三月二十八日に「大山之者三人計追懸来、無法ニ私を打擲いたし、其上川江打込、猶打擲」という暴力事件が発生してしまったのである。

由良組の大庄屋は「証文之通金百六拾両、専之助へ相渡違乱無之所（略）今更専之助親類共差障リ申立候筋ニ有之間敷候（略）当地之分、伝蔵ニ為仕付申上度」と主張し、川端役所も「伝蔵用意之苗を以植付候様仕度（略）伝蔵へ去子年作徳米江、当年迄之打捨種籾苗代被蒔付生付迄之所、専之助方より致勘定候様御達被下度」と進達して、事態は伝蔵に有利に運ぶかに見えた。しかし幸助側は同年六月に㈠「打擲之儀一向無之」と否定し、㈡「御田地質入等之節、村役人印形申請、其上金子相渡ス取引可致事」が常識ではないか、㈢「是迄仕来作人ハ外ニ余業モ無之、渡世難渋之ものニ有之」として、従来の小作人に耕作させること、㈣「金子貸付候趣正直ニ申候得ハ、早速返済仕」と主張したのである。

山浜通代官所から川端役所へ廻って来た方針では、田地は専之助に戻し、一六〇両は伝蔵に返すが、利米は打捨にし、肥代、種籾代を精算させるべきというものであった。仲介を命じられた大山村名主与次兵衛は「双方聞済も無之」と苦しい立場になっていたのであるが、同年九月に至り「伝蔵ニ為刈取、作徳米者御手前様御預り被置候様、御郡代中より御代官中江御達相成」との指示が山口村肝煎に届いたのであった。由良組大庄屋が伝蔵の申分に賛成したことには、山浜代官は「以之外御立腹」であり、伝蔵側が庄内藩の有力者に内願したことに対しては、郡代で月番の秋保政右衛門が「不筋千万なる取計、其侭ニ而云募候姿ニ候得者、末々願之筋ニも不得止事有之候間、決而不相成、早速御文通ヲ以て」と折衝に乗り出し、四、五日手間取ったけれども、十一月朔日には代官所の方針が貫徹して解決したのであった。田地の取得を望んで実現しなかった伝蔵は翌年二月になって苦情を大山村の名主に言ってきたが、「春中上京田村八右衛門方より請返し候御田地小作為致可申候」と伝えたところ、「其後一向無音聞」という状態でうやむやになってしまったのであった。(5)

専之助はこの時期、さらに馬町村の八郎兵衛とも借財問題でトラブルを起こしていたのである。彼は大山村本町分の町内備金を預かっていたのだが、本町の入用に際して出金できず、嘉永三年（一八五〇）に二五両、同四年に九両を本町分の田地を引き当てに馬町村八郎兵衛から借用したのである。けれども利米の支払いはおろか、元金の返済を一向にしなかったので、同五年に八郎兵術が返還を迫ったところ、一〇か年賦にして欲しいと主張したので、八郎兵衛が拒否すると、専之助の小作地支配人である馬町村清吉から半金返済、残金七か年賦を申し入れてきた。これに対して八郎兵衛は元利返済（四六両）か、田地（一反七畝余）引き渡しのどちらかであると返答したところ、親類の幸助と幸五郎が「隣村之事ニ而用水之掛引ニ至迄も百姓馴合候処、専之助放蕩之事を以、存知居可申、其上断を付、親類加印茂致さす、殊ニ御定法之御役印をも取揃不申、御田地質入ニ取儀、無念筋と奉存候」と貸方にこそ問題があると反論してきた。そして同七年七月に「去年中より前代未聞酒屋不景気ニ而金子払底、何共才覚ニ差困」ので、本町分田地を一〇か年季で八郎兵衛へ引き渡し、年季明に元金三四両で請け返したいと申し出たのである。調停役を命じられていた大山村名主与次兵衛は馬町村肝煎へ「八郎兵衛聞済候ハヽ、無此上大慶ニ奉存候」と願入れたが、結局二か年季、元金三四両で請け返しするとの質入証文を取り交すことで落着したのである。[6]

酒屋幸五郎は専之助の借金問題に奔走し、落着直後には今度は自らが田地のトラブルに巻き込まれたのである。弘化二年（一八四五）に鶴ケ岡町商人の地主敬之進は下川村分の田地を引き当てに、一〇か年季で二五三両を幸五郎から借り受けたのであったが、年季明の安政二年十二月になっても返済ができないため、幸五郎から一〇〇両の増金を受け取り、幸五郎へ永譲することにしたのである。ところがこの話を下川村役人が知り、敬之進へ請け返しを申し出た。下川村役人は二五三両の内三三両は正金で幸五郎が渡した分でないので、それを差し引き二二〇両と増金一〇〇両の三二〇両を幸五郎へ返済したいと主張した。これに対して安政三年（一八五六）四月に幸五郎は質入の時、下川村役人が加判しているのに、今更疑義を挟むことには承服できないとし、㈠すぐに田地を引き渡して欲しい、㈡本年の作徳米の四分の一は金子で清算して欲しい、㈢一か月延滞すれば三六八両になるが、三五三両ならば田地を下川村へ返しても良い、㈣こちらには証文があり役所沙汰になっても減額するつもりはないと強硬に返答した。早速に川端役所から大山村名主与次兵衛へ差紙が来て、「幸五郎江相成丈不肖為致熟談相整方可然」との指示があった。そこで口入人も死んでしまって曖昧な点もあることから、三三両分については三者が一一両宛負担することを名主与次兵衛が提案した。下川村と敬之進はただちに承知したのであったが、幸五郎は利息一〇〇両と一一両を不肖にするのであり、一方下川村は二二両分の得をするのであるから、金子は十二月に完済し、本年分作徳米五三俵のうち、一八俵を貰いたいと要求して、なかなか応じなかった。しかし同年五月にいたり、㈠敬之進は一〇〇両を幸五郎から受け取り、一一両を幸五郎へ支払う、㈡下川村は三二〇両と一一面を幸五郎へ支払い、田地を取得する、㈢幸五郎は手取り二四二両を受け取ることで合意をみたのであった(7)。

さて、以上の一件の展開の中に顕れていることは何であったであろうか。まず質入証文を取り交していたが、実態は書入であったことである。質取主の多くが酒屋等であり、自らはほとんど農業に関わっていなかったから、田地を引き当てにして利米を取得することが中心であり、酒屋にとっては酒造米の仕入を考慮すれば、なおさらのことであったと言える。つぎに又質慣行が横行していたことである。田地の貸借が自村でなく、当事者同士が他村の田地をめぐって取引しており、それは投資の対象として考えられていたのであり、だから専門的な口入人が必ず介在していたのである。一方対象にされた村側では田地を取り返そうと盛んに動いていた。上京田村、清水新田村、馬町村、山口村では肝煎や大庄屋もその方向でトラブルの調停に活躍していたのであった。さらに田地所持者が不耕作者であることから、特定の小作人との関係が深く、小作替えには小作人から強い抵抗が示されていたことである。これらの一件に対して権力側は又質の慣行に不快感を示しながらも、既成事実を否定できず、あくまで表ざたにさせずに現状を肯定して、農民間で処理させようとしていたことであった。専之助一件では名門酒屋加藤本家の一大事とばかり、末家の幸助、幸五郎、長三郎がトラブルに介入していたが、単なる本家・末家の関係維持だけでなく、互いに酒造米を確保する上でも、専之助家の田地分散は食い止める必要があったのである。

注

(1) 前掲羽根田家文書「清水新田村分の大山村専之助田地を坂野下村庄兵衛の無届質入一件」(以下清水新田村分一件と略す) 嘉永五―六年。
(2) 前掲羽根田家文書「名寄帳」文化十四年、前掲『山形県農地改革史』一五頁。栃屋村で天明七年三〇石余、天保五年三二石余を所持していた。
(3) 前掲羽根田家文書公事訴訟出入一件、嘉永六年。
(4) 前掲清水新田村分一件。
(5) 前掲羽根田家文書「山浜通山口村御田地大山村専之助山口村伝蔵懸リ合一件扣帳」嘉水六年。
(6) 前掲羽根田家文書「乍恐以書付御嘆願奉願上候」嘉永七年。
(7) 前掲羽根田家文書「御料下川村御田地鶴ケ岡地主保次殿所持分大山村幸五郎江年季質入色々入組候訳合を以下川村地元江譲渡取究一件写」安政三年四月。

四、羽根田家と酒造生産

文化十四年(一八一七)の名寄帳に所持高五四石余で大山村トップの地位を占めていた酒屋の田中太郎左衛門は「先年より追々借用仕候処、天保八年酉五月仕法立ニ付、大山村分新々田弐拾五表渡、栃屋村分五拾九表渡、金三百八拾八両八拾七匁壱分七厘ニ而、御取請被成下度段御願申候処、御承知被成下難有仕合奉存候、然ル処其後連々不如意ニ而、右仕法立も相崩、追々借方相嵩、去暮御預所金納米等借用仕、御酒造仕候得共、只今ニ至候而者右上納金才覚必至と差支、家屋敷、土蔵、酒造稼并道具共売払候より外可致様も無御座、何共嘆敷次第奉存候」と本家で酒屋の田中八郎兵衛へ田地を渡して資金借り入れを行ってきた。しかし嘉永七年（一八五四）四月には、「右品々売払候にも早速望人有無も難計、左候得者当月上納も無覚束奉存候ニ付、難願上義ニ者御座候得共、天保八酉年御取請被成下候御田地御返被下、其余二口借用金四拾壱両引足、前書之金高安利息ニ而御貸延被下度段、無拠御願申候処、本末之訳柄格別之御慈愛を以、願之通御聞済被成下」と田中八郎兵衛に窮状を訴え、田地の返還と合計四二九両の借金返済の延期を承諾してもらっていたが、このように酒造業の経営には不安定さが付きまとっていたのである。[1]

しかし不安定さに悩まされながらも天保期以降に台頭していった酒屋があったのであり、その一人である大山村の羽根田与次兵衛家の台頭の要因を探ってみよう。

与次兵衛家は寛文期に酒造業を営んでいたことが知られている。[2] 同家の「羽根田家伝来旧記取調」では「慶長元和以前者不詳、其後当国へ初メ居住之先祖、近江国堅田城主羽田長門守三男羽田長左衛門ト云、大山本町江居住之折、羽根田姓ヲ改名長左衛門ト号」とあり、後の屋号である近江屋はこれに由来するらしい。また酒造業の再開は「四代目羽根田与次兵衛二男羽根田喜右衛門（略）石井源右衛門二男元治聟ニ買入、羽根田与次兵衛ト改（略）与次兵衛相続之折、蠟燭油商業金四拾円元手金喜右衛門貞能より譲り請、商業精働いたし、鍛冶町屋敷岡部九郎兵衛より譲請、酒造家寛政初成」と酒屋の石井源右衛門家から聟に入った与次兵衛元治の時代と記されている。[3]

文化十四年（一八一七）の大山村名寄帳では、親類の羽根田喜右衛門の所持高が一六石余であったのに対して、与次兵衛の所持高は一石一斗四升五合四夕であった。文政六年（一八二三）に大山村で二斗余を増やし、天保十三

表2　天保期収支一覧

年代	入金		内、酒代入金		出金		作徳米等	酒造米（俵）	買入米（俵）	買入（両）
	両	貫	両	貫	両	貫				
天保4年	303.22	62.474	250.11	61.157	153.33	37.354	40.100俵	210.000	206.300	172.00
5年	448.21	150.162	237.22	32.035	294.22	195.978	145.240	416.400	320.150	130.00
6年	338.22	14.044	218.22	19.961	145.31	231.168	58.383	405.400	370.054	195.00
7年	246.22	20.932	157.30	16.550	204.30	0.289	104.473	475.000	299.160	299.00
8年	416.00	2.185	379.00	18.471	116.03	71.869	216.137	432.186	271.363	143.00
9年	647.12	27.294	354.01	19.340	362.30	0.063	148.000	488.377	284.180	251.00
10年	570.00	43.978	279.21	24.709	242.20	29.853	129.000	569.350	359.370	159.30
11年	288.20	130.293	271.22	106.471	120.22	246.959	149.375	600.055	420.380	116.000
12年	225.33	138.748	124.10	52.494	114.21	230.056	131.225	675.240		
13年	364.30	81.578	263.23	78.158	187.13	320.800	218.350		457.170	117.00
14年	349.23	91.608	215.13	58.912	129.03	502.383	210.000		461.280	131.00
15年	208.31	2.159	149.10	22.948	133.00	1.046				199.30

羽根田家文書より作成

年（一八四二）には大山村での所持高は八石二升五合三夕へ急増させていたのである。天保十年には大山村の酒屋大滝藤左衛門から境興屋村の田地二畝一七歩を五か年季で譲り請けており、[4] おそらく文政末期から天保期に台頭への土台を築いたものと考えられる。それでは何が基盤となったものであったのであろうか。

まず天保四年（一八三三）八月から同十五年まで続く「渡会格弥金銭請払日記」を取り上げよう。[5] この帳簿によれば、酒販売収入、貸金と利米状況、酒造米購入その他の支出等を知ることができる。その一部を示したものが表2である。天保四年では半年分しか記録がないが、酒販売収入が収入の八割以上を占めており、天保八年は酒販売収入の絶対額も三七九両余で最高であり、占める割合も一番大きなものであった。しかし販売額が大きくなることは酒造米が増大することであり、利米、作徳米以外の買入米の比重が増えていった。天保四年は利米、作徳米が四〇俵余しかないが、同十三年には二一八俵余になっていることは、与次兵衛の田地への投資が拡大してきていることの反映であった。利米、作徳米以上に買入米が増加しているので、米代金が高騰すると収支は不安定化しやすかったのである。天保七年は収入金四三一両余から支出金二〇四両余を差し引くと二二八両余となるが、この年の米買入代金三三〇両

表3　渡口米・買入米・利足米および貸金状況一覧

	渡口米（俵）	買入米（俵）	買入金（両）	利足米（俵）	貸付金（両）	当座金（両）
嘉永5年	402.400	1298.025	767.12	121.425	1091.00	
嘉永6年	452.470			113.375	1263.10	266.30
安政3年	677.310	1314.000		134.275	508.10	560.10
安政4年	736.356			140.175	608.30	
安政5年	664.086			177.300	647.30	
安政6年	701.361				540.12	499.00
文久2年	735.066	1707.390	1063.00		1448.20	920.20
文久3年	753.466	1807.250			1786.10	799.10
慶応3年	939.270	450.000	1489.11	20.050	3103.00	2324.20

羽根田家文書より作成

余を支出金に算入すると、一〇二両の赤字であった。酒販売収入が最高であった天保八年でさえ、収支差引では二八四両余を残したが、前年の赤字分一〇二両と八年の米買入金一四三両を加算して差し引きすれば、三九両の黒字に過ぎなかったのである。ただし、支出分の中には貸金支出が入っているのであり、この貸金による利金、あるいは利米の収入が順調に回収されるかどうかが経営安定化の鍵だったのである。

弘化元年（一八四四）には大山騒動があり、与次兵衛も渡会格弥と共に逮捕されている[6]。しかしこの危機を乗り切り、弘化三年の「作徳米并金利足調帳」では大山村酒屋の渡会格弥と同村の与次兵衛家の親類であった小野田吉右衛門の三者が共同で柳原新田村等五か村へ四九〇両の貸金を行い、九六俵の利米（吉右衛門一二俵、格弥四二俵、与次兵衛四二俵）を得ており、また友江村等六か村へ四八九両（吉右衛門一八〇両、格弥一五一両二分、与次兵衛一五一両二分）を貸付けていたのである。天保期からこの時期までは、このような共同投資が一つの特色であった。けれども独自の投資活動もはっきりしてきており、田地作徳収入は手作米九俵、小作米一〇八俵であり、貸金二七八両では利米六七俵を、また貸金二九四両では利金二九両を得ていたし、その他に当座貸金一九四両があったのである[7]。

表3に示すように、嘉永五年（一八五二）には渡口米（年貢負担部分を

含む）が四〇二俵余と飛躍的に増加していたが、(8) 同年八月には「当御預所大山村長百姓与次兵衛儀、今度名主役被仰付、以後相役長三郎并組頭百姓申合、御用向入念出精可相勤旨被仰渡承知奉畏候、名主長三郎儀者前書被仰渡之趣村方大小百姓水呑迄可申渡旨被仰渡、是又承知奉畏候」と庄内藩川端役所から名主役を命じられていたのであり、経済的に台頭してきただけでなく、権力側もその実力を認め、政治的に大山村の指導者として登場したことを示したのである。(9)

安政二年（一八五五）には渡口米が七七六俵と、さらに拡大しているが、この経済的な成長とともに、前項の専之助一件で触れたように、嘉永末期から安政初期には与次兵衛が調停役で奔走していたのであって、「五カ年以前子年より名主相勤、大山村大郷ニ而格別御用多ニ付、前々より名主両人勤之処、当時壱人ニ而諸事無差閊相勤、諸出入之儀其身之辛労を茂不厭実意ニ取扱夫々及内熟、栃屋村地盤之儀大滝三郎取扱向江厚意ニ及相談、名主相勤候以来自分名前を不懸極窮之者江年々施米いたし、万端厚意実儀ニ取扱候ニ付、一同帰服いたし抜群之儀ニ付、書面之通御称誉被成下候」と、それらの活動に対して安政二年十二月に「代々苗字御免」の特権が与えられたのであった。(10)

安政四年二月には川端役所から「口達之覚」が与次兵衛へ出された。その大意は「今度八郎兵衛家事向取扱被仰付候訳者、旧来之豪家近年兎角縺合、度々御苦労筋ニ相成（略）右縺合之起リ者、双方共全心得違之儀ニ而、先以徳右衛門事所払被仰付候身分ニ候得共、元居村之家事向等江一切携間敷御規定之処、我侭之振舞いたし候心底相聞、上を茂不憚筋ニ候、且又一族共ニ茂畢竟心得違之廉茂有之、徳右衛門所払不相成以前者難忘恩儀之次第茂可有之処、一向夫等之儀茂打忘候筋ニ相当リ不実之儀ニ有之、八郎兵衛事ハ徳右衛門所払被仰村後之相続人と者乍申、一類相談之上、徳右衛門江茂為申聞、相続為致候儀ニ候得者、徳右衛門を養父と為心得取扱可申儀ニ候所、年若之八郎兵衛事故、専一族之者共より心付方茂可有之筈、右情実之所茂専要ニ村、篤と被致勘弁身帯向等之儀ハ勿論悉皆取扱、旧来之豪家猶行立候様可致添心事ニ候」というものであったが、これは大山騒動で所払の処罰を受けた名門の酒屋田中八郎兵衛家の相続争いをめぐり、与次兵衛が年若の八郎兵衛に対し、一種の後見人の役割を命じられたものであり、名実ともに大山村の実力者であることを示したものであった(11)。

安政六年十月には「私先代より酒造渡世罷在候処、追々御本領御次向江御用被仰付冥加至極難有仕合奉存候、依之奉願候、私親存生中御紋付御用看板相掛申度旨志願罷在候処、其折者御支配違ニ罷成、其儀ニ茂至兼罷在申候、乍恐親志願罷在候後、繁々御用も被仰付候ニ付、願之通被仰付被下置候ハヽ、誠ニ以冥加至極」と先代からの念願であった酒造での藩御用達の看板許可の申請をしていたのである(12)。

慶應三年(一八六七)では大山村をはじめ米出新田、友江、柳原新田、栃屋、清水新田、下小中、大淀川、平京田、千安、丹波、山田、茨新田、横山の一四か村に小作人を持ち、九三九俵余の渡口米を得ていたのであり、また貸金三、一〇三両余、当座貸金二、三二四両余があって、利米の比重が極端に小さくなり、作徳米確保と高利貸営業に依拠する庄内地域における代表的な在郷商人地主に成長していたのであった(13)。

注

(1) 前掲羽根田家文書「恩借仕候金子証文之事」嘉永七年四月
(2) 前掲『大山町史』二三一頁
(3) 前掲羽根田家文書「羽根田家伝来旧記取調」年不詳
(4) 前掲羽根田家文書「境興屋村分年季売渡申証文之事」天保十年十月。
(5) 前掲羽根田家文書「渡会格弥殿金銭出入扣」天保四年。羽根田与次兵衛家の天保期以前を知る経営帳簿は不明であり、与次兵衛家と渡会格弥家の関係がどうであったのかも分からないが、この一連の帳簿は当時の与次兵衛家の経営を知るうえで貴重なものである。

（6）前掲『大山町史』一二七頁

（7）前掲羽根田家文書「作徳米并金利足調帳」弘化三年

（8）前掲羽根田家文書「万覚帳」嘉永五年

（9）前掲羽根田家文書「差上申御請書之事」嘉永五年八月十五日

（10）前掲羽根田家文書「御用留」安政三年

（11）前掲羽根田家文書「羽根田与次兵衛江申含之大意」安政四年二月、前掲『大山町史』一三三頁。酒屋で処罰を受けた者は弥左衛門（獄門）、三郎治（獄門）、庄兵衛（遠島）、藤左衛門（重追放）、清三郎（重追放）、八郎治（江戸・大山村払）、徳右衛門（所払）、喜右衛門、太郎左衛門、格弥、源右衛門、専之助（以上過料五貫文）。

（12）前掲羽根田家文書「乍恐以書付申上候」安政六年十月

（13）前掲羽根田家文書「万覚帳」慶應三年

五、おわりに

明治三十年（一八九七）の「耕地作徳帳」の序には「祖先来所持及近年求得タル耕田畑宅地萱生山林反別地価東西田川郡内数ケ町村小作人名作徳米金共明細記（略）中興四世羽根田延政代」とある。延政から三代前の中興者とは石井源右衛門家から婿養子となった元治のことであった。この元治を与次兵衛家では、後世に中興者と位置付けていることは、彼が単に酒造業を再開しただけでなく、在郷商人地主への発展の土台を築いた人物であったからと思われる。そして二代延澄、三代延季はともに羽根田喜右衛門貞能の二男、三男であったが、続いて養子に入った人物であり、この二人の時代に在郷商人地主の地位が確立したものと考えられる。(1)

地租改正が開始されていた明治八年（一八七五）は三代延季の時代であった。渡口米は八〇二俵で、慶應四年（一八六八）の九七二俵と比較すると、大きく減少していたけれども、貸金は七、三八〇両余、慶應三年の貸金三、一〇三両余の倍額以上となっていたのである。(2)

明治十七年（一八八四）の与次兵衛家の所得状況を示すと、清酒生産二三五石余、この販売代金二、六〇一円余、酒粕一、三〇六貫、この販売代金八五円で合計二、六八六円余、この経費が二、六〇一円余で所得は八五円、一方作徳米七三三俵余、この代金一、八三二円余、この経費が九〇七円余であり、所得が九二五円余で両者の所得を合

表4　清酒輸出石高一覧

行先	明治20年	明治21年
新　潟	30.700石	71.280石
酒　田	30.261	
北海道	23.315	10.425
越　後	11.850	7.856
佐　渡	5.950	7.840
山　形	4.735	
東　京	0.975	1.000
飛　嶋	0.900	
松　嶺	0.396	
秋　田	0.375	1.500
地　売	34.948	
宮　城		3.776
合　計	144.405	103.677

注）羽根田家文書より作成

表5　地価金一覧

名　前	明治18年	明治27年
羽根田与次兵衛	25,295.128円	21,980.919円
田中八郎兵衛	16,365.409	
加藤長三郎	16,020.320	26,695.160
羽根田喜右衛門	13,917.743	16,410.199
加藤専十郎	9,206.832	14,798.688
佐藤長作	7,586.085	14,496.906
大滝竜作	6,024.045	
加藤幸五郎	6,216.124	
太田長七		12,318.198

注）羽根田家文書より作成

表6　耕作反別と渡口米一覧

年　代	反別（畝）	渡口米（俵）
明治21年	6203.16	1309.123
明治26年	5966.06	1263.417
明治30年	6047.10	1277.087
明治40年	4386.11	954.258
大正３年	4967.23	1022.082
大正６年	5012.00	1024.063
昭和14年	5213.13	1041.413

注）羽根田家文書（1俵：５斗入）

計すると一、〇一〇円余であった。(3)

与次兵衛家の清酒は近世から「しら梅」の銘柄で地元ばかりでなく、酒田や新潟へ出荷されていたのであるが、近代に入ってはどうであったのであろうか。それを示したものが表4である。一四四石余のうち、地売三四石余、酒田三〇石余、新潟三〇石余、北海道二三石余であり、基本的には近世と変わっていなかったのである。

明治十八年（一八八五）の大山村での地価金三、〇〇〇円以上者と、明治二十七年（一八九四）の西田川郡地価金一万円以上者の一部とを示したものが表5である。トップであった与次兵衛に対して、同じく近世以来酒造業を営んできた加藤長三郎が明治二十年代になって急伸したことを示している。(4)

明治二十七年の与次兵衛が関わった酒造生産の収支を見てみると、総支出三、五二一円余のうち、玄米二八五石余の購入費一、七二六円余、造石税一、三〇六円余、雇人費用一、六九八人分二五四円余、諸器械修繕費九二円余、薪水代（六五棚）七三円余、杜氏給料三〇円、鑑札料三〇円、麴種代（四五袋）八円余であり、造酒が二九三石余で総収入が三、八〇〇円余、酒造所得二七九円であった。支出では酒米購入四九％、税金が三七％を占めていたのであり、作徳米が酒米購入量を大きく上回るのでなければ、再生産が厳しい状況であった。しかしこの年の総所得は酒造所得二七九円、土地所得一、六四八円余、貸金利子五七円で、合計一、九八四円余であった。なお、貸金元金は五六三円で年六分の利子であり、近世末から近代初期にかけて拡大してきた高利貸営業の比重が小さくなっており、高利貸資本には転化していなかったのである。(5)

それでは、明治三十年（一八九七）代以降、どれだけの耕地と渡口米を支配していたのであろうか。それを示したのが、表6である。明治二十一年（一八八八）が近世、近代を通じて最高の反別と渡口米数を示しているが、昭和六年（一九三一）でも五〇町歩を維持し、酒造業を展開していたのである。それに対して明治二十年（一八八七）代に商人地主として急成長した加藤長三郎は酒造業のかたわら、町長となり、鶴岡銀行、鶴岡水力電気の役員となり、銀行や企業への投資に重点を移していったが、昭和恐慌期に破産してしまったのであった(6)。

昭和十一年（一九三六）度の庄内所得税録から大山町の者を取り出すと、上位三者は羽根田与次兵衛一、二一四円余、加藤幸五郎四五八円余、桜井憲治一九七円余で、いずれも酒造業者だったのである(7)。本間家や秋野家もかつては酒造業を営んでいたが、巨大な商人地主へ転換してゆくなかで、酒造業から撤退していったのであり、このようなケースは全国の各地で見られる現象であったが、大山町の在郷商人地主の中には高利貸資本、あるいは小作料収取にのみ依拠する寄生地主への道を歩まず、上述のように近世、近代を生きぬいてきた者たちもいたのである。

今日、鶴岡市大山地区には羽根田家、渡会家、加藤両家の四軒の酒造会社が存在している。他の酒屋とともに羽根田与次兵衛家も幕末に江戸進出を計画、また近代には東京進出の動きがあったが、米どころ庄内地域の伝統産業を守る姿勢があったからこそ、酒屋羽根田を株式会社に発展させ、近世以来の地域に根付いた地酒「白梅」の生産を続けてきたものと思われる。

注

（1）前掲羽根田家文書「耕地作徳帳」明治三十年

（2）前掲羽根田家文書「万覚帳」明治八年

（3）前掲羽根田家文書「所得申告書綴」明治十六—三十七年
（4）前掲羽根田家文書「西田川郡地価金壱万円以上之人名」明治二十七年五月
（5）前掲羽根田家文書「所得金高届」明治二十七年四月
（6）前掲菅野　正ほか『稲作農業の展開と村落構造』、一六頁
（7）「昭和十一年度庄内所得税録」、渋谷隆一編『都道府県別資産家地主総覧（山形編）』所収、日本図書センター、一九九五年、一八一頁

筑後蠟商売と小林市右衛門家

一、はじめに

共同研究を分担する中で、筑後地域の近世における農村構造の究明を担当することとなった。久留米藩や柳川藩の地方史料を検討していて、筑後地方が十八世紀後半以降、櫨木栽培の一大中心地であり、農書『農人錦の嚢《ふくろ》』等の存在を知った。(1) しかも先学の研究によれば、「江戸時代中期以降の九州農村の経済は製蠟業を抜きにしては考えられない程、蠟の生産と流通はそれに大きな位置を占めていた。農村の地主層が富の蓄積の過程でいかに大きく蠟の生産と流通に関与していたことか(2)」と、また「櫨の実=木蠟は徳川時代には西日本の農村における代表的な商品作物であった（略）北九州では〝地主作物〟と規定されてたように、大地主は櫨畑を開いたり、中小地主も水田の畦畔に植えたりしていた(3)」とか、あるいは久留米藩領内では「蠟屋が続出し、他領からも櫨実を買い入れて生産する有様であった。幕末の久留米藩の農村地方で金持ちといえば、多くは蠟屋を経営する者だったと伝えられる」などと、櫨・蠟が地主経済と深い関係があることが分かった。(4)

そして柳川藩領の地方史料である上妻《こうづま》郡大淵《おおぶち》村（現八女《やめ》郡黒木《くろぎ》町大淵）の小林家の膨大な経営史料を福岡市立総合図書館が所蔵していることを知った。これまで地元の町史等でもあまり取り上げられて来なかった小林文書であるが、その中には櫨や蠟の生産と流通に関係するものが非常に多くある。本章では筑後櫨と筑後蠟を取り扱う矢部川上流域の大淵村一帯で活動した在郷商人を追究し、地主経済との関係を明らかにして、農村構造究明の一端にしたいと思う(5)。

注

(1) 長野 暹「櫨《はぜ》・蠟《ろう》」(『講座・日本技術の社会史』第一巻所収)東京大学出版会、一九八三年、二八〇頁、筑後国竹野郡亀王村の竹下武兵衛の「農人錦の嚢」(『日本農書全集』三一所収)の他に、筑後地方のものではないが、西日本で有名な筑前国那珂郡山田村の高橋善蔵「窮民夜光の珠」(『日本農書全集』一一所収)、また豊後国宇佐郡上田村の上田俊蔵「櫨徳分并仕立方年々試農書」(『日本農書全集』三三所収)、農山漁村文化協会、一九八二年の存在を知ることが出来た。

(2) 野口喜久雄「近世における櫨栽培技術の成立と展開」(九州文化史研究所紀要)九州大学九州文化史研究施設、第一五号、一九七〇年、四五頁、なお野口氏は「製蠟業経営における収支構造と経営の基盤」(九州史学第三七・三八・三九合併号、一九六六年)で経営の収支構造を明らかにしておられる。

(3) 山田龍雄「窮民夜光の珠・解題」六七頁、(『日本農書全集』一一所収)、農山漁村文化協会、一九七九年

(4) 古賀幸雄「農人錦の嚢・解題」(『日本農書全集』三一所収)二三九頁、農山漁村文化協会、一九八一年

(5) 福岡市立総合図書館の購入資料で、一、二三〇件・一、三二四点あり、文書は目録が作成されている。目録に沿って作られた一八本のマイクロフィルムで閲覧することが出来るようになっている。

二、矢部川上流域の支配状況

矢部川は福岡・大分・熊本三県の県境にある三国山や福岡・熊本両県の県境にある釈迦ヶ岳山地の水を集め、八

女郡矢部村に発し、八女郡・八女市・筑後市・山門《やまと》郡・柳川市・大川市・三潴《みづま》郡・三池郡を流れ有明海に注ぐ一級河川である。矢部川上流域の八女郡は近世は上妻郡と称していた。[1] この上妻郡に柳川藩は一八か村の藩領を持っていた。筑後国三潴郡・上妻郡・下妻郡・山門郡・三池郡に一〇万九、六〇〇石を与えられていた柳川藩立花氏は領内二一八か村を九組に分け、各組に大庄屋を、その組内の各村には庄屋を置く地方支配を行っていた。九組は蒲池・宮永・垂水・本郷・竹井・小川・楠田・田隈・谷川であり、上妻郡一八か村は谷川組を組織していたのである。[2]

谷川組一八か村の石高は九、三〇五石で、その村々は山下町・北田・本山・白木・上辺春《へばる》・兼松・山崎・谷川・原嶋・田形《たがた》（以上立花町）・土窪・鹿子生《かこお》・田代・木屋《こや》・大淵（以上黒木町）・矢部（矢部村）であった。[3]

上妻郡大淵村は矢部川に支流の剣持川が合流するところに大きな淵があるところから地名の由来となったと云われている。矢部村の隣村に位置する山村地域であり、矢部川の右岸に久留米藩領の北大淵村、左岸に柳川藩領の南大淵村があった。本章で取り上げるのは南大淵村に存在した小林家を中心としたものであり、近世では単に大淵村と記してきたものである。[4]

大淵村北西部の城《じようのはる》原には南北朝期懐良親王の九州下向に随従した五条頼元の子孫の屋敷があったと云う。『黒木町史』によれば、五条氏は近世期は柳川藩立花氏の客分となり、元禄五年（一六九二）嫡子頼安は上妻・山門郡の猟師を支配する山筒頭となり、以後は五条氏が代々山筒組頭を世襲した。山筒組はおよそ猟人二〇〇人と云われていた。しかし文政八年（一八二五）の「御山筒中誓詞血判御帳」では三四三人の名前が記されており、大淵村内では百姓六〇名が山筒組に組織され、それは維新まで続いていたのである。[5]

大淵村の村高は元和七年（一六二一）の郡村帳と元禄国絵図で二三九石、天保郷帳で三三三石であった。[6] また谷川組本地高付帳では畝が四〇町五反、高四〇一石であったことが分かる。けれども残念ながら近世における家数や人口は不明である。なお、明治十一年（一八七八）には家数三四二戸、人数一、七八〇人であったことが知られる。[7]

上述の郡村帳によれば、山村地域を反映して小物成は茶年貢銭六貫六二七文、柿年貢銭四貫三九九文、蒟蒻年貢銭二〇二文、矢部川の鮎を中心とする河年貢銭七〇〇文、現物徴収として紙年貢一〇九束六帖、漆年貢八六八匁、山畑年貢稗三石五斗四升五合を納めていたことが分かる。延宝四年（一六七六）の「上妻郡大淵村諸運銀御帳」での小物成負担は山奉行へ直納分が銀九二匁一分六厘七毛（鉄砲銀・渋柿銀・漆ノ実銀・葛銀・山枡銀）であり、竹奉行へ銀一三匁七分五厘、大庄屋へ九六匁一分（楮銀・蒟若《こんにゃく》銀）、小物成奉行へ一〇匁三分三厘（川銀鮎百代共）であった。また貞享四年（一六八七）の紙・漆高は長高紙二〇〇束四帖、漆八貫八匁である。[8]

このように十八世紀以前大淵村の特色は山村地域であるために、茶・柿・蒟蒻・漆・紙、そして鮎等は課税されていたのだが、櫨実と蠟については見られなかったのである。[9]

注

（1）『福岡県の地名　日本歴史地名大系41』平凡社、二〇〇四年、五九頁
（2）『藩史大事典第七巻　九州編』雄山閣出版、一九八八年、八三頁
（3）『立花町史』上巻三四八頁
（4）『角川日本地名大辞典40・福岡県』角川書店、一九八八年、二八八頁
（5）『黒木町史』一九九三年、三三七頁
（6）前掲『福岡県の地名』一、〇四五頁
（7）前掲『角川日本地名大辞典40・福岡県』、一九八八、二八九頁
（8）黒木町学びの館所蔵・松浦文書「大淵村諸運上銀延宝四年之調子帳写」（慶応元年十一月）
（9）前掲野口喜久雄「近世における櫨栽培技術の成立と展開」によれば、「櫨樹栽培が普及したのは十八世紀の初頭以降のことであ

る」と指摘されている。

三、柳川藩谷川組の櫨と蠟

柳川藩では櫨と蠟を何時から、どのように取り扱ってきていたのであろうか。元禄十六年（一七〇三）には領内に櫨運上制を採用したと伝えられている。しかしその実態は不明である。[1] 宝暦二年（一七五二）に藩が大庄屋に調査させて作成したと思われる「谷川組櫨植立帳」では、櫨木が辺春村に一二九本あり、櫨実が一、六五九斤、実のならない木五、一八三本であった。他に鹿子生村七五本・一、一一九斤・実のならない木二、二四九本、北田村三本・三七斤・実のならない木三六七本、白木村二五四本・一、七二〇斤・実のならない木二、三七九本、本山村七本・一〇二斤・実のならない木三、四七〇本であったと云う。[2] 文政十三年（一八三〇）の「谷川組御用日記」では、櫨木が辺春村七、〇〇七本・大淵村六、一七二本・山崎村一、九五八本・原嶋村三七二本あったことが分かる。[3] この時期に柳川藩は物産方を設置し、櫨実買上と蠟の専売を実施したと云われるから、それに関わって谷川組の大庄屋が調査したものであろう。[4] さらにそれに関連してのことと思われるが、天保二年（一八三一）六月には柳川藩の臨時役所が櫨実を〆めて蠟を製造する賃〆業者を指定していた。櫨実を加工する製蠟業は櫨実を蒸し、それを搾って得られた黒ずんだものが生蠟であり、これを日に干したものが晒蠟であり、櫨実から晒蠟にするまでの過程はそれほど複雑ではなく、農家が副業的に行うこともあったと云われている。[5] その製蠟業を「此節櫨賃〆被仰付候間、右之田地引当ニ差出シ申上候間、万一生蠟納方不行届不埒仕候節者、早速ニ御売払御勝手ニ御取計被遊候」と請負わせ、業者には担保として田地を差し出させ、櫨実一〇〇斤に付蠟一三斤半の割合で蠟の上納を「〆立上納之儀ハ月割之通急度御上納」と命令していたのである。(6) また天保十二年（一八四一）正月には柳川藩は「此節生蠟之義御国中津留被仰出候」と蠟の他国への移出を禁止していた。そして「私共両人御用掛被仰付候」と蠟御用掛を任命している。任命された茂兵衛と辰次郎なる者がどのような人物か定かではないが、「就右生蠟之義山下之方ニ早々可被相納候、右之段御物成御役所より被仰付候」と土久保村・木屋村・大淵村の者たちへ上妻郡山下町に蠟の上納することを指示していたものである。「尤直段之義者相応ヲ以御買揚ニ相成候間、左様御承知可被下候、猶又大坂表へ直ニ登勢ニ相成候ハハ、八分為替承知候様是又被仰付候」と柳川藩は買い上げた蠟を大坂へ積み送っていたことが分かる。(7) さらに柳川藩は安政六年（一八五九）には櫨・蠟・茶・辛子等を取り扱う物産会所を設置していたと云われている。(8)

それでは谷川組の村々ではどのように櫨実と蠟の生産及び販売に関わっていたのであろうか。文政七年（一八二四）二月十四日に木屋村庄屋の松浦良吉は正苧田武右衛門から一九一斤の生蠟を受け取り、同月二十日に久留米城下御苧扱川《おこんがわ》町（久留米市本町《ほんまち》）の米屋喜市方へ銀一六二匁一分六厘六毛で売り渡した。彼は同月十二日にも御苧扱川町の米屋喜七方へ晒蠟を三五〇斤売却している。また同月十八日には正苧田武右衛門からと思われるが、晒蠟三四一斤余を入手している。そして同月二十三日には木屋村の七人の者から櫨実を一、二一〇斤、三月十一日には同村六人から七四五斤を受け取っていたのである。三月二十三日には正苧田武右衛門から生蠟三五〇斤、黒木上町の五平からは二月晦日に生蠟二五四斤、四月七日に一六八斤を受け取っている。八月十七日には正苧田武右衛門へ櫨実一、三九六斤を渡していた。これらのことは何を示しているものであろうか。これは当時、木屋村の松浦良吉が蠟の原料である櫨実を木屋村の百姓たちから買い入れ、彼自身も手櫨として櫨実六一八斤を渡しているが、それらを黒木町や田本《たもと》村（黒木町）等の製蠟業者へ渡し、そこで出来た生蠟や晒蠟を受け取って、久留米城下の商人へ出荷していたのである。(9) すなわちこのことは柳川藩が蠟専売制を開始する以前は、谷川組の村々では久留米城下の蠟商人と結びついていたことを示していたものであった。

しかし柳川藩で蠟専売制を導入してからはこの流れが変わり、天保三年（一八三四）三月から四月にかけて木屋村松浦良吉は櫨実三、三三四斤を黒木下町の和兵衛と恵助へ送っている。天保五年の渡し高は三、八七七斤である。天保四年の手前櫨有高が一、〇六九斤であるから、二、〇〇〇斤以上は買い入れたものである。天保六年の櫨買入帳によれば、木屋村内の一四人の百姓から櫨実二、三八〇斤を買い入れ、手櫨分六三六斤を加えて、三、〇一六斤の櫨実を田本村の中島七右衛門に売り渡していた。(10) また木屋村の和助と佐八は天保七年十二月に同村吉右衛門から櫨実一、一〇〇斤を銭三三貫文の売却約束で受け取り、翌年二月四日に八〇四斤を柳川城下に駄馬で運んで四日間滞在しながら売却にあたっていた。(11) さらに弘化二年（一八四五）には木屋村上荒谷の喜助が黒木町の宗吉へ櫨実を正味二五三斤半売却して銭六貫八四文を得ていたことが分かる。(12) たしかに櫨実の売渡先は分かるのであるが、田本村や黒木町で製造された蠟が、そこからどこへ運ばれていったのかと云う流通の経路は分からなかった。

ところで谷川組の村々では万延元年（一八六〇）に製蠟を行う場合に使用する蠟船が谷川村一二艘、大淵村四艘、北田村三艘、山崎村・本山村・土久保村に各二艘、田形村・木屋村に各一艘があったことが分かり、(13) 慶應元年（一八六五）正月に兼松村の多作から「一、蠟船壱艘　右ハ谷川村平次郎所持之家督札引受度、依而所直し之願」と蠟船譲渡の願書が出されていて、(14) 柳川藩は蠟船所持者には家督札を交付して統制していたのである。慶應元年九月に谷川組の庄屋中は「当組方楮取扱之儀、前々者勝手ニ売買仕罷在候処、近年楮札御渡ニ相成候向ニ付、無札之者ハ取扱不相成、売買之者甚タ難渋罷在候間、御領中取扱之義ハ差支無御座候様被仰付被下度御願申上候」と楮の自由売買を藩へ願い出ている。しかしこれは取り上げられることはなかった。(15) 慶應二年正月には大淵村の半七が「一、櫨札壱枚」と柳川藩から櫨札の交付を受けており、柳川藩では幕末には茶札・楮札等と同じように櫨を統制していたことが知られる。[16]また表1は大淵村の百姓で諸札を藩から許可された一覧である。大淵村の名寄帳類がないので村全体の農民階層構成が明らかでないが、この諸札一覧では藩から許可された者の所持高が記載されている場合がある。それはほとんど零細なものであり、その中には「無作畝」とかかれた者があって、この山村地域では無石層の農民も多くいたことが考えられる。[17]

注

（1）前掲『藩史大事典』七九頁
（2）前掲『福岡県の地名』の記事による。原本は福岡県立伝習館高等学校所蔵の「伝習館文庫」であるが、時間的余裕がなく、原本には当たれなかった。記載されている村々が立花町内だけであり、黒木町内については触れられていない。
（3）『谷川組御用日記』第一集、二五七頁
（4）前掲『藩史大事典』八五頁
（5）前掲長野暹「櫨・蠟」二八四頁
（6）前掲福岡市立総合図書館所蔵小林文書「御売渡シ田地証文之事」、「拝借仕候貨〆証文之事」（天保二年六月）
（7）前掲小林文書「書状」（天保十二年閏正月十五日）
（8）『福岡県百科事典』下巻西日本新聞社、一九八二年、五一八頁
（9）前掲松浦文書「諸用日記帳」（文政七年正月）
（10）前掲松浦文書「諸用日記帳」（天保六年二月）
（11）前掲松浦文書「諸用日記帳」（天保六年二月）
（12）前掲松浦文書「諸用日記帳」（弘化二年）
（13）前掲『谷川組御用日記』第三集、三七頁

表１　大淵村百姓諸札一覧

名　前	種　類	所持高（畝）	許可年	名　前	種　類	所持高（畝）	許可年
吉六	茶札	8.21	安政７年	市蔵	大札		文久４年
喜平	茶棒	1.18	安政７年	市平	中札		文久４年
庄兵衛	茶札	5.03	安政７年	清五郎	中札		文久４年
惣助	茶棒	1.15	安政７年	定右衛門	茶大札		文久４年
忠吉	茶札	25.00	安政７年	滝吉	茶大札		文久４年
斗作	茶棒	不明	安政７年	忠吉	中札		文久４年
平作	茶棒	4.15	安政７年	忠作	中札		文久４年
茂助	茶札	13.00	安政７年	斗作	中札		文久４年
市平	茶棒	無作畝	万延２年	半介	中札		文久４年
勘助	茶棒	無作畝	万延２年	半助	茶大札		文久４年
吉五郎	茶棒	8.09	万延２年	半七	茶大札		文久４年
吉太郎	茶棒	不明	万延２年	半兵衛	小札		文久４年
清作	御救い	無作畝	万延２年	房吉	中札		文久４年
米吉	茶棒	3.27	万延２年	恵吉	茶大札		文久４年
庄左衛門	茶棒	不明	万延２年	茂市	中札		文久４年
庄兵衛	茶札	無作畝	万延２年	茂介	中札		文久４年
新蔵	時疫煩い	4.20	万延２年	良蔵	中札		文久４年
忠蔵	茶棒	14.27	万延２年	勇吉	中札	無作畝	慶應２年
忠平	茶札	不明	万延２年	庄兵衛	中札	8.15	慶應２年
直平	茶棒	無作畝	万延２年	甚左衛門	中札	28.00	慶應２年
房吉	茶棒	1.15	万延２年	半助	酒造札	不明	慶應２年
茂吉	茶棒	1.09	万延２年	半七	櫨札	不明	慶應２年
茂八	茶棒	7.02	万延２年				
弥平	時疫煩い	6.06	万延２年				
与左衛門	茶棒	33.21	万延２年				
利七	茶棒	不明	万延２年				
良蔵	店札	12.10	万延２年				
和市	時疫煩い	無作畝	万延２年				

注）「谷川組御用日記」より作成

（14）前掲『谷川組御用日記』第四集、八九頁
（15）前掲『谷川組御用日記』第四集、一三〇頁
（16）前掲『谷川組御用日記』第四集、一六六頁
（17）前掲表1には「御救い」・「時疫煩い」があるが、これは諸札とは無関係であるけれども、所持高の記載があるので、参考に載せたものである。

四、小林家の蝋商売

小林家の家譜がないので詳細は分からないが、市右衛門の先代と思われる市之介以降の土地譲渡証文類が多く残されている。市之介が宝暦四年（一七五四）から文化七年（一八一〇）の五六年間に取得した四四件の土地譲渡証文がある。その内訳は田二町三畝一六歩、畑一反一畝二一歩、屋敷三畝六歩、山林四か所、また田畑屋敷で面積が不明のものが一三件あった。ただ小林文書には近世村落の基本史料である土地台帳類が一切なく、また現地での調査においても名寄帳等の史料に出会わなかったため、小林家の土地所有状況は不明である。したがって、小林家が本来どれだけの土地を所持していた百姓なのかは分からない。そのためこれらの土地集積の状況が小林家の所持高の中でどれだけの比重を占めていたものか判明しない。これらの集積土地以外に天明三年（一七八三）に櫨木一本、文化五年（一八〇八）に櫨・杉不残、また文化七年に櫨木原を取得していた。これら土地関係の取得には銀一七貫五一四匁、金一分、銭七五〇貫五四一文が費やされており、小林家は市之介の時代ですでに大淵村内では相応の資産家であったと想定することが出来るものである(1)。

市之介に代わって文化八年（一八一一）から登場するのが市右衛門で、安政五年（一八五八）まで四七年間で七一件の土地譲渡証文がある。田七反一畝歩、畑六反二一歩、屋敷五畝歩、蒟蒻原七か所、茶原二か所、山林原野三か所、その他不明六か所であり、市之介より田畑の集積は少ないが、櫨不残一一か所、櫨木五〇本と田畑以外に櫨木の確保に重点を移してきていることが明らかである。そしてこれら土地関係の取得に要した費用は金四五二両三分二朱、銀一貫六二〇匁、銭七五一貫四九六文程であり、市之介より多額なものであった。(2)

市之介の証文には見られなかったことであるが、市右衛門の証文には文政十年（一八二七）の「永々譲渡証文之事」

「引松と申所
一、下々田二畝九歩　　段数壱枚
墓本申所
一、こんにゃく原
〆弐ヶ所
代壱貫目
右者当亥御上納方ニ差支田地永々譲渡、代銀たしかニ受取申候所実正ニ而御座候、此田地ニ付脇方之構毛頭無御座候（略）尤私下作仕為余米壱俵、櫨正ミ百斤宛差上可申候（以下略）」と見られるように、譲渡主である大淵村西谷名の与作が市右衛門に対して譲渡したその土地を直小作するものである。しかもそれは小作米だけでなく、櫨実一〇〇斤を納入することになっていたことである。(3)

また文政十年には「預り手形之事」で銭五五貫九四一文を大淵村仏石名の惣右衛門に貸し付けているが、「此り毎年櫨正味百斤、楮三拾斤」と利息を蠟の原料である櫨実や楮で取り立てていたのである。[4]

さらに嘉永四年（一八五一）の「永々譲渡証文之事」では、

「堺ノ谷

一、櫨木数凡弐拾本

代銀七拾目也

右之通御上納方江差支申候ニ付、永々譲渡、代銀たしかニ請取申候御上納方相済ミ申所実正ニ而御座候、然者為利揚櫨正味四拾五斤宛年々指上申候」とあって、櫨小作とも云えるような関係を結んでいたことであった。[5]すなわち市右衛門の代からは櫨木を主とした貸借や地主・小作関係等が明瞭になったことである。

前項で述べた柳川藩が天保二年（一八三一）に櫨賃〆業者の指定を行い、その指定を受けていたのが大淵村では市右衛門であった。彼は大淵村内に所持した中田三反五畝歩を「右之田地引宛ニ差出シ申上置候」と証文を入れて、櫨賃〆を請け負って製蠟していたのである。[6]

天保十二年（一八四一）正月に市右衛門は同村の北河恵吉と連名で「今般私共蠟上納之義被仰付奉畏候、然処唯今ニ至候而者櫨買入仕候義一向出来不仕候間、御上御買上之櫨木義大淵ニ凡弐万斤余御座候と奉存候ニ付、右櫨ニ而も御渡被為仰付被下候様奉願上候、尤私共是迄者蠟船壱艘宛ニ而商売仕候ニ付、纔之〆立ニ御座候間、何卒御慈悲之上を以、外ニ此節蠟船壱艘宛御免被為仰付被下候様奉願上候、左様御座候得者、近村計之櫨持主ニ而者〆余り不申候ニ付、都合見計久留米御領櫨持主ニ手続を以成丈買取」との願書を柳川藩物成役所に提出した。それによれば、小林市右衛門と北河恵吉の両人は柳川藩の蠟上納命令のために、原料の櫨実の買い入れを行ったが、思うように確保出来なかった。そこで柳川藩が大淵村から二万斤ほど買い上げている櫨実を原料に下げ渡して欲しいこと、また両人はそれぞれ蠟船を一艘宛所持していたが、もう一艘宛所持させて欲しいこと、そうなれば近村の櫨実だけでは原料に不足を生じるので、久留米藩領内の櫨実所持者から買い入れたいことを願い出たものであった(7)。

この蠟船の増加願いを藩が許可した記録は見あたらなかったが、前項で上述した万延元年（一八六〇）の蠟船所持数に大淵村四艘とあることから、おそらく両人の願書が許可されていたものと思われる。なお、天保十二年二月三日には「然ハ御用買入櫨、当年より組々一統風袋明け引ニ而上納仕候様被仰達候旨御代官より申来候」と櫨実上納にはおよそ八％相当の風袋分を差し引いて上納するようにとの代官からの通達が組々へ出されていたのである(8)。

市右衛門と北河恵吉は百姓からの借銀願いには櫨実を確保する必要からも、応じていたのであったがトラブルにも遭遇している。天保十四年（一八四三）七月には木屋村の百姓たちが「先年一統不作仕候処、当村之儀者別而不作仕候而及困窮ニ候処、其末追々借銭等折重り候ニ付、只今至り大零落仕候ニ付、多借之面々相断候得共、不行届甚タ難渋仕候間、乍恐村中申談方々多借之儀取揚見申候処、別紙横折之通多借之儀元利折重り利揚等も出来不仕、只今之通ニ而村中も難相立、仍而近頃恐多奉存上候得共、何卒御慈悲之上ヲ以、地方請より証文之儀三拾年賦且講会平借銭之儀者、拾ヶ年之間取畳ミ被仰付可被下候様先達而奉願上候」と小林市右衛門や北河恵吉等の銀主に対する借用金の年賦返済を庄屋を通して物成役所へ嘆願した。ところが物成役所は「私共より銀主々江相躰ニ而相断候様被為仰付」と当事者が相対で交渉することを命じて取り合わなかった。そこで銀主たちと交渉したが「銀主方へ相断候得共、一向聞有不申、近頃ニ相成候而者、事外ニ厳敷才足ニ預り申候」と不調に終わってしまい、「此上厳敷才足ニ預り候者而、屋内立径も出来兼候程之難渋之仕合（略）拾ヶ年之間、銀主方相待チ呉候」と再度の嘆願に及んだのである(9)。

これに対し市右衛門や北河恵吉等の大淵村銀主は「近来木屋村より借銀方ニ付、御嘆申上候義御座候由ニ而、諸借銀又者講銀等茂相払不申者勝ニ而御座候、右御歎申上候儀自然御免被仰付候ハヽ、脇方茂右躰之風儀ニ相成候而者、私共是迄御上納銀等茂脇方より相談ニ付者、取替立置候銀茂多御座候而、甚難渋之仕合ニ御座候、其上当秋久留米御領主方不和ニ付而者、諸商売方至而相減極難渋仕候、彼是無取懸儀出来仕、当惑に奉存候」と反論を行っている。(10)そして大淵村銀主方は同年十二月には「私共義先年来より木屋村七ヶ名百姓之内江、年々秋御上納銀且証文前年賦講会等之銀子追々他借を以、致世話貸呉□置候ニ付、最早時分柄之義ニ御座候得者、右之銀子返済口催促仕候処、同村清七と申者より右之銀子返済方之義者、近来筋を以、御上江奉願御歎申上置候ニ付、兎茂角茂御裁許次第ニ御返弁可申と相答一向ニ取合不申、就而者百姓と申候而茂皆々同様ニ御座候、右躰之義ニ御座候而者、脇々之村方と申候而茂木屋村之模様を見合銀子差引之義一円埒不仕、混雑而已出来仕、難渋至極之次第ニ而、私共義茂相潰候より外無御座十方ニ暮罷在候」と物成役所へ訴え出ていた。市右衛門らが木屋村の者たちの要求に強硬に反対して応じなかったのは、彼らが他村にも貸し出しを行っていて、連鎖反応を怖れたからであった。(11)

なお残念ながらこの結末は不明である。市右衛門は村内では相当な資産家であり、村方を中心に貸金を行っていて、それが製蠟業の資金調達にもなっていたのであるが、その他には「諸藤弥平次儀兼而私躰共心安仕、内外之世話同人江相頼申候、然処此節同人より御上納銀ニ被致候趣ニ而御講銀御割戻之廉、私共五人分借用之相談御座候ニ付、内々咄合同人相談通借渡申候約定内輪決談仕候」と諸藤弥平次なる人物が大淵村市右衛門・同村恵吉・谷川村平次郎・兼松村庄次郎・同村長右衛門の五人が天保六年より天保九年までの四年間に藩へ上納した「御講銀」の割り戻し分を元手に頼母子講を提案しており、「大淵村市右衛門より上納金年々御割返し之分、金九両四合五夕ニ而、未之年より戌之年迄四ヶ年之間預り申候処、私之心得者先年より頼母敷講入会相談仕置候ニ付、六講懸銀ニ相立度候様預り置候」と頼母子講を利用していた面があった。(12)

また天保八年（一八三七）十二月に市右衛門は大淵村仏石名の市郎右衛門から金四〇両を「利分之儀、月壱分半充相加、来戌三月限り無相違御返納可仕候、若万一違之節者、生蠟三拾丸預り召置申候間、御請取被成下被下候」と生蠟一丸は八〇斤であるが、その生蠟二、四〇〇斤分を担保に入れて資金を借り入れており、天保九年十二月にも同じ条件で五〇両を同人から借用していた面もあった。[13]

さて、市右衛門が柳川藩の要請に応じて調達金を上納するのは、小林文書で判明するのが文政十二年（一八二九）に札で三五貫四〇〇目を上納した時からである。その後は天保十一年（一八四〇）に金五〇両に始まり表2のように連年わたり嘉永五年（一八五二）まで上納していて、その累計額は金三〇〇両・銀三九貫五八〇目・小手形八八貫六五〇匁・札二四二貫四八五匁三分六厘となっていたのである。[14]

柳川藩では天保十五年（一八四四）十月に一五名の新方御用聞の者たちへ「来巳御参観御用壱人ニ三拾貫目宛調達被仰付候、尤右之内拾五貫目十一月十日限上納可有之候、相残候分調達時分之義者、追而可相達候事（略）当五月ニ被仰付候別段調達之廉、此節元利皆済御渡ニ相成候処、来二月ニ猶又別段調達被仰付候御積ニ付、此段為心得申聞置候」と物成役所から調達金上納の指示を行っていた。[15] そして同年十一月には「今般其方江新方御用聞被仰付候ニ付、苗字帯刀下駄被差免候、尤御重役者不及申、侍中ニ対少茂不礼無之、且御時節柄ニ付、猶更平生質素相用、御用方入念相勤候覚悟専一ニ候、尚別紙調達高申付候、此段相達候様自御中老被仰達候」と市右衛門をその新方御用聞に任命し、苗字・帯刀・下駄使用の特権を与えた。また「其方儀新方御用聞申付候、仍而在勤中御合力米三人扶持申付候」と三人分の扶持米も与えていたのであった。[16] その上、小林市右衛門にも十一月二十七日に他の新方御用聞と同じく「小手形三拾貫目、右之通調達可被仰付候、来月十五日限上納可有之候」との調達金の申付を行っていたのである。[17]

表 2　市右衛門上納額

年　代	月　日	種　類	額（貫）	備　考	年　代	月　日	種　類	額（貫）	備　考
文政12年	6 月	札	31.92000		弘化 3 年	11月26日	札	12.50000	
文政12年	7 月	札	2.32000		弘化 3 年	12月 6 日	札	7.50000	
文政12年	9 月	札	1.16000		弘化 4 年	2 月24日	札	7.00000	
天保11年	7 月16日	金	50両	調達金	弘化 4 年	2 月28日	札	10.00000	
天保11年	12月17日	小手形	3.00000		弘化 4 年	12月 7 日	札	15.00000	
天保11年	12月26日	小手形	1.50000		弘化 4 年	12月24日	札	8.50000	
天保12年	1 月18日	小手形	4.00000		弘化 4 年	12月24日	札	1.08000	
天保12年	正月		40.00000		弘化 4 年	12月24日	札	0.25556	
天保12年	閏 1 月15日	小手形	5.70000		弘化 4 年	12月24日	札	6.46240	
天保12年	2 月14日	小手形	18.88396		嘉永元年	12月23日	銀	4.80000	
天保12年	2 月14日	小手形	5.00000		嘉永元年	12月30日	札	7.00000	
天保12年	2 月18日	小手形	10.00000		嘉永 2 年	3 月25日	銀	7.82000	参勤御用
天保12年	5 月 8 日	小手形	3.60000		嘉永 2 年	3 月28日	銀	7.82000	
天保12年	6 月20日	札	3.34740		嘉永 2 年	3 月	銀	4.30000	
天保12年	6 月20日	小手形	3.31604		嘉永 2 年	4 月16日	札	12.00000	参勤御用
天保12年	11月29日	札	6.00000		嘉永 2 年	4 月29日	銀	0.88000	
天保12年	12月13日	小手形	5.00000		嘉永 2 年	4 月30日	札	10.00000	参勤御用
天保13年	4 月10日	小手形	7.65000	調達金	嘉永 2 年	4 月	銀	4.30000	

天保13年	11月23日	札	10.00000	
天保13年	11月29日	小手形	6.00000	参勤御用
天保14年	3月21日	札	8.73600	急調達
天保14年	8月18日	札	3.26400	
天保15年	11月10日	小手形	15.00000	参勤御用
弘化2年	2月18日	白米	107俵	代銀8.667匁
弘化2年	2月26日	小手形	1.44000	別段調達金
弘化2年	2月27日	札	1.44000	
弘化2年	4月16日	札	10.00000	
弘化2年	4月30日	札	10.00000	
弘化3年	10月28日	札	24.00000	
嘉永3年	1月30日	銀	6.80000	御下向御用
嘉永3年	1月30日	銀	1.36000	
嘉永3年	1月30日	白米	9俵	
嘉永3年	2月26日	銀	1.50000	
嘉永5年	11月28日	金	250両	参勤御用
	札小計		242.48536	
	小手形小計		88.65000	
	銀小計		39.58000	
	金小計		300両	
	白米小計		116俵	

注）小林文書より作成

同年十二月に柳川藩の中老が郡役に宛てた達書では小林市右衛門を「御内証別而御差支ニ付、格別之被為在上意候趣此間被仰出候ニ付、兼而廉々上納罷在候上、太儀之至候得とも、過当之金高急ニ調達申付候処、格別之御趣意柄と申処奉承知非常之出精を以申付高日限通速ニ令上納候儀直ニ達御聴候処、厚志之段奇特之至、別而被遊御満悦候、依之為御褒美御目録之為拝領候、猶向後御用方精勤可為肝要者也」と褒賞しており[18]、また弘化二年（一八四五）二月の達書では「昨辰年存寄を以、金弐拾弐両進上いたし候段、聞届厚志之程奇特之至ニ付、依為御褒美御染地弐反并御盃御扇子拝領申付候」[19]と、さらに同年十一月には新方御用聞一五人が褒美を拝領しているが、その時小林市右衛門も「其方義新方御用聞被仰付置候処、兼々御用方大切ニ相心得、追々之調達銀無遅滞令上納候段神妙之至ニ候、依之為御褒美御上下被為拝領候」と調達活動を褒賞されて種々の拝領品を受けていたのである[20]。

　年月が不明の史料であるが、それには大淵村の市右衛門・恵吉・半助・半兵衛の四人は「右之者共存寄を以、極難者為御救穀物下直ニ売払候段聞届厚志之程奇特之事ニ候、依而為御褒美御扇子拝領申付候」と極難者救済のために穀物の廉売を行って柳川藩から褒美として扇子を与えられており、また大淵村庄屋彦兵衛・市右衛門・恵吉・半兵衛・太作の五人が「極難者為救役米差出」を行って褒賞に盃を拝領していたが、小林市右衛門や北河恵吉らは大淵村の上層農民として困窮者の救済活動に関わっていたのである[21]。

　小林市右衛門の跡を継いだと思われる小林市蔵は「凡上納金千両、御用聞御免相成」と新方御用聞としていままでの調達上納金がおよそ一、〇〇〇両ほどであったが、その新方御用聞を万延元年（一八六〇）十一月二十一日に御役御免となったのである。しかし苗字・帯刀・袴・下駄使用の特権は認められていた。そして同年十二月二十二日には一〇〇両を献金して「被仰付浪士」と百姓から浪士身分になったのである[22]。

　小林市蔵宛に出された万延元年十二月二十四日付の「書状」には「過廿二日八郎太夫様御屋鋪御用ニ付、被仰聞置候通御名代ニ罷出候儀願ニ仍而此節浪士ニ被仰付候旨御達ニ相成申候、且又虎落門之願昨廿三日幸三郎殿より願書差出被呉候趣ニ御座候、左様被思召可被下候、献金も同算ニ八郎太夫様御手元ニ差出申候、右之段為御知申上度早々、以上（略）乍末筆誠ニ以結構ニ被仰付重畳恐悦ニ奉存上候、鳥渡御祝義申上候、以上」とあって、この間の経過が分かるものである[23]。

　ところが翌年二月になって小林市蔵は浪士身分の拝命にあたって事前に山筒組組頭の五条　岬の了解を得ていなかったことから「旧冬奉願候而有難身分ニ被仰付、乍併私是迄代々御家来帳ニ罷有候而、前以右様願出候趣不奉伺候儀重畳奉恐入候、尤程能御宥免被仰付有難仕合ニ奉存候、依之私身分者相進候而茂御家来同様是迄通ニ御仕申上候、子孫末代ニ至迄此儀急度申伝候得共、万一心得違等茂有之候節者、直ニ被仰付可被下候、万事御取扱之儀茂是迄之通りニ而少茂不苦奉存候」と五条 岬宛に詫び状を出していた。文政期の大淵村の山筒組六〇名の中に市右衛門の名前を確認出来なかったのであったが、小林家は五条家の家来であったのである。[24] なお、この時「五条様へ差上申候」と金四〇両が小林市蔵から上納されていた。[25]

さて、市右衛門は天保十三年（一八四二）十二月に「蠟拾五丸」の代銀一〇貫八〇目を上納し、また天保十五年十一月にも「蠟代立替上納」を行っていたのであるが、柳川藩蠟専売制の下で自ら製造した蠟をどのように売り捌いていたのであろうか。小林文書には多数の蠟仕切書が残されているが年号の不明なものが多い。市右衛門が取り扱った蠟は「大一印」の商号を使っており、弘化二年（一八四五）二月のものと思われる仕切書では生蠟四叺（正味五四貫六九〇匁）を口銭や蔵敷料を差し引いた代銀七七三匁七分七厘で柳川城下の芥屋治兵衛が赤間関（下関市）の油屋徳蔵に売り払っている。[26]

芥屋治兵衛は年号不詳の三月十九日付の史料で「生蠟三丸　右者此馬方へ御渡可被下候」と市右衛門へ伝えており、すなわち矢部川上流域で製蠟された生蠟は市右衛門が集荷して、馬方で柳川城下へ運ばせ、藩の御用商人と思われる芥屋治兵衛がそれを下関の油屋徳蔵へ送っていたのである。[27] また万延元年（一八六〇）には市右衛門が蠟六〇丸（五、一四五斤）、この代銀二〇貫五八〇目、辛子一八一俵、この代銀一〇貫五匁を芥屋治兵衛へ売り渡しており、[28] それを芥屋へ運んだ馬方は表3のような者たちであった。さらに文久元年（一八六一）三月から同二年正月までに市右衛門は芥屋治兵衛へ蠟二二八丸（代銀四四貫九五九匁八分七厘）、矢部楮二九四把（代銀六貫一八二匁）、茶六四本（代銀一七貫一五〇匁）を売り渡していたのである。[29]

安政五年（一八五八）の「蠟為替札渡通」によれば、七月に三宝丸へ生蠟一五九丸を積み込み、この代銀二一貫

表3　万延元年蠟・辛子・楮の通い

万延元年9月楮の通

地　名	名　前	数量（把）
兼松	伊三郎	10
兼松	清助	10
兼松	久五郎	20
兼松	与作	38
高山	清助	10
山崎前坂	重助	9
山崎前坂	武助	9
山崎前坂	庄左衛門	9
	計	115把

万延元年10月蠟通

地　名	名　前	数量（丸）
明原	与市	2
大谷	亀太郎	4
兼松	久五郎	2
兼松	文七	4
兼松	鉄太郎	2
兼松	戸作	2
兼松	文吉	2
兼松	伊三郎	2
兼松	源之助	2
兼松	彦次郎	2
兼松	平七	2
兼松	鉄太郎	2
兼松	甚七	2
兼松	善之助	2
草場	喜右衛門	2
草場	武助	2
田形	庄太郎	2
田形	清次	4
高山	平四郎	2
高山	恵三郎	2
高山	清吉	2
西谷	弥助	4
二ノ瀬	恵三郎	4
寄	清吉	2
	計	60丸

万延元年11月辛子通

地　名	名　前	数量（俵）
兼松	平七	4
兼松	清助	4
兼松	升三郎	3
兼松	文吉	3
兼松	伊三郎	3
兼松	忠助	2
兼松	庄兵衛	2
兼松	源七	2
兼松	恵三郎	2
下高山	宗七	15
下高山	庄兵衛	14
下高山	清五郎	12
下高山	平四郎	12
下高山	源助	10
下高山	善五郎	7
下高山	重吉	6
下高山	惣助	4
下高山	乙次郎	2
下高山	清吉	2
下高山	清助	2
下高山	恵三郎	2
下高山	忠助	2
田形	林蔵	13
田形	庄太郎	9
田形	半助	5
田形	忠七	4
田形	清吉	3
田形	末	3
田形	勘助	2
田形	清次	2
田形	源七	2
二ノ瀬	清助	2
原	忠兵衛	2
原	良助	2
みつとも	喜右衛門	2
みつとも	平蔵	2
山崎	清助	2
山崎	大吉	2
山崎	平蔵	2
	計	181俵

注）小林文書より作成

七六〇目、金に直して三二〇両、他に利息二両八合八夕を加えた三二二両八合八夕を九月二十六日に、また十一月は一四〇丸、代銀二三貫八〇〇目、金に直して三五〇両を安政六年二月二十二日に柳川藩へ上納しことが分かり、一年間に生蠟二九九丸を下関あるいは大坂へ積み送り、六七〇両程を藩へ上納していたのである。[30]

安政二年（一八五五）十月と思われる史料で「各御返済銀之義ニ付、今ニ御重役より被仰達候通りニ而者何連茂嘸々可致難渋候得共、御時節柄深致勘弁御不肖ヶ間敷義等不申出、乍此上銘々耕作商業等相働御用方致永続弥出精之覚悟肝要ニ候、素より当年御利済之分者、現米ニ而被相渡候積ニ候、然共利分丈之御米ニ而者、酒造之面々者別而之義其外迚茂差支可申義と存候、仍之格別難渋之次第有之候向者、即銀上納ニ而御売払米願出候ハヽ、大坂為御登米之内、代銀為御登ニ成とも振替御売払可被相渡候、来ル廿日限之内願出可申候、尤今年柄ニ付、為御登米も御積之通不被相任様格別之御評議を以、御減少ニ相成候上之義ニ候間、為御登米之内、地方ニ而之御売払者難取計儀ニ候得とも、右格別難渋ニ候ハヽ、不得止事義ニ候間、少々者銀ニ振替為御登之積ニ候、併右之訳合ニ付、多分之解数者相願候而茂不被相渡候条、其心得ニ而可願出候、右日限及延引候得者、御米繰ニ差支候ニ付、願不相叶間、無延引可願出候」と新方御用聞へ達しが出された。[31]それは藩の調達金の返済のため、大坂登せ米の一部を現地で払い米にするというものであった。新方御用聞たちは年貢米の売却にも関わっていたのである。

市右衛門は天保十四年（一八四三）年五月に谷川組の年貢米二七二俵を一俵に付銀六〇匁五分で売却し、代銀一六貫四五六匁を藩へ上納したが、天保十二年十二月に藩へ一五貫目を上納しており、その利息が同十三年十月迄で一貫三二〇目あり、その元利合計が一六貫三二〇目であったから、現実には一三六匁の「御渡過」となっていた。

弘化三年（一八四六）五月は米価が高騰して一俵に付銀一〇七匁五分の値段で谷川組の払い米二九八俵を売却しており、その代銀は三二貫二五〇匁であり、その他に上納分の銀六貫九五〇匁四分があって合計四二貫二一〇匁四分の上納額であった。ところで天保十一年十一月以来の柳川藩への上納銀は八二貫目あったが、この年は米価高騰の影響もあって、藩からその利息分の七貫九九二匁と札調達両替金八五両への利息一貫九五八匁四分との返済があった。さらに弘化三年四月に藩へ上納した銀二〇貫目と、それの利率一分で、十一月までの八か月分の利息一貫六〇〇匁とを合わせ元利二一貫六〇〇匁の返済もあったことから、返済額の合計は四二貫四六五匁九分六厘となった。上納額四二貫二一〇匁四分との差額二五五匁五分六厘は「御渡不足」の扱いとなっている。(32)

このように市右衛門は藩の年貢米や専売物である蠟そして茶・辛子等も取り扱って成長していったのである。

注

(1) 前掲小林文書「譲渡証文」(史料番号三七六から三八一)・「売渡証文」(史料番号四五一から四八二)・「流質券」(史料番号五一〇から五一八)
(2) 前掲小林文書「譲渡証文」(三八二から四四二)・「売渡証文」(史料番号四八三から四九五)
(3) 前掲小林文書「永々譲渡証文」(文政十年七月)
(4) 前掲小林文書「預り手形之事」(文政十年三月)
(5) 前掲小林文書「永々譲渡証文」(嘉永四年十二月)
(6) 前掲小林文書「御売渡シ田地証文之事」、「拝借仕候貨〆証文之事」(天保二年六月)
(7) 前掲小林文書「乍恐奉願上口上之覚控」(天保十二年正月二十九日)
(8) 前掲小林文書「書状」(二月三日)
(9) 前掲小林文書「乍恐奉願上口上之覚」(天保十四年七月)
(10) 前掲小林文書「乍恐口之覚」(天保十四年十月)
(11) 前掲小林文書「乍恐奉願上口上之覚」(天保十四年十二月)
(12) 前掲小林文書「乍恐奉願上口上之覚」(未十二月)

(13) 前掲小林文書「預り手形」（天保八年十二月）、「預り手形之事」（天保九年十二月）
(14) 前掲小林文書「調達金」（史料番号三二-二から史料番号一一二）
(15) 前掲小林文書「覚」（辰十月二十四日）
(16) 前掲小林文書「覚」（辰十一月）市右衛門は小林姓を天保十五年以前も使用していたが、これで正式に名乗ることになったのある。
(17) 前掲小林文書「覚」（十一月二十七日）
(18) 前掲小林文書「褒状」（十二月）
(19) 前掲小林文書「褒状」（巳二月）
(20) 前掲小林文書「褒状」（巳十一月）
(21) 前掲小林文書「褒状」（五月）
(22) 前掲小林文書「覚」（万延元年十一月二十一日）
(23) 前掲小林文書「書状」（万延元年十二月二十四日）
(24) 前掲小林文書「証文」（万延二年二月）
(25) 前掲小林文書「御屋敷差上金子扣」（万延二年二月）
(26) 前掲小林文書「売仕切」（二月二十三日）市右衛門が取引していた商人には油屋徳蔵以外に北国屋喜八・高砂屋吉兵衛・紀伊国屋平兵衛・米屋半三郎がいたが、残念ながらどこの所在の者か分からなかった。
(27) 前掲小林文書「覚」（三月十九日）
(28) 前掲小林文書「覚」（十二月十九日）
(29) 前掲小林文書「通」（万延元年八月）
(30) 前掲小林文書「御達」（卯十月）
(31) 前掲小林文書「蠟為替札渡通」（安政五年七月）
(32) 前掲小林文書「覚」（天保十四年五月）

五、おわりに

近代に入っても小林家は「畑　櫨・楮不残、茶原　櫨・楮不残代金三拾五両（略）私下作仕、為利揚年々金弐両三歩宛返納可仕候[1]」とか
「堺ノ谷屋敷脇
一、田畑不残　東者谷切、西者曽根切
　櫨諸木不残、代金壱両弐歩弐朱也
堺ノ谷
一、櫨木　弐拾本　代銀七拾目
一、千弐百弐拾九斤　櫨利揚不足　午ノ年より未年迄不足十三年分
　此金七両ニ極メ、残りまけ」[2]
と貸金の代償として櫨や楮、あるいは「一、銀百五拾目（略）返済儀者、来ル四月限り急度茶ニ而御返済可申候[3]」と茶を確保すると云う近世以来の経済活動の基本は変わっていない。また二六五両二分を「年八朱之利を加以来未十月限無相違急度御返納可申上候」と「南三丸矢嶋様御役人中様」から借用しており、柳川藩権力の一部と結びついていたことも変わっていなかった。[4]
しかし明治四年（一八七一）七月十四日の廃藩置県で設置された久留米・柳河・三池の三県が四か月後の同年十

一月十四日に合併されて三潴県の誕生となった。三潴県は筑後国全域の一〇郡（三潴・山門・三池・上妻・下妻・生葉・竹野・山本・御井・御原）を管轄し、県庁は当初は榎津町（大川市榎津）に置かれたが、後に若津町（大川市向島）へ、さらに明治五年四月からは久留米両替町に移った。そしてこの間、柳川には三潴県庁柳川支庁が置かれていたのである。(5)

新政府は明治五年五月六日に通貨改革の布告を出すが、そこでは太政官札一両を旧柳川藩の銀札七二匁と同等とした。しかし実際は一匁札を一銭二厘としたので、七二匁は八六銭四厘となって、一三銭六厘も値打ちが下がってしまったのである。(6)このため「人心沸騰シ、翌七日多人数徒党出張所へ相迫、銀札通用従前ノ通相成度段及強訴候」と「柳川藩札引換暴動」が勃発したのである。「数百人詰懸、出張所四面取囲切迫申募、既ニ乱妨ニモ及候勢ニ候ハハ、何分七八名ノ官員鎮撫方無之、不得止一時権道ヲ以強訴ノ趣一応聞届候」と三潴県庁柳川支庁では要求を受け入れ、直ちに「日田分営へ事情切迫ニ付、至急出兵ノ儀相願置候」と出兵措置をとっていた。しかるに同日夕方に至り「徒党ノ者トモ西町商高椋新太郎居宅へ押入、家作及土蔵等打毀チ、若干ノ金子奪去候、此他両三軒打破退散致シ居候」と魚問屋で成功し、幕末以来柳川藩の財政方を任され、当時は三潴県庁の為替方を担当していた高《たか》椋《むく》新太郎宅等外二軒が襲撃されたのである。(7)事件は相場が一両を六五匁で両替することで沈静化したと云われる。(8)

この柳川暴動とは直接には関係することではなかったのであるが、小林市右衛門家の相続人であった小林市郎は三潴県から「旧藩江調達金有之分、総而壬申三月十五日限取調差出候様御達」の達しを受けた。その時は「私儀長病、家内病人取紛」であり、「北河恵吉同様ニ壱組合ニ而相納候」と、調達金は北河恵吉と一緒で上納してきた経緯があり、そこで「未タ御通面内輪引合等茂難有之、旧冬養父相果、代替之儀ニ御座候ニ付、北川殿着待合セ」の上で、差し出すことにした。「旧柳河藩調達金目録写」によれば、その調達金の内訳は表4に見られるように、小林

表4　市右衛門・恵吉の調達金元利合計

小林市右衛門分

年 月 日	種類	上納額	金に直す	明治5年迄月数	利　金	元利合計
天保14年3月21日	小手形	8貫736目	36両4合	356か月	103両6合6夕7才	146両6夕7才
天保14年8月18日	小手形	3貫264目	13両6合	350か月		51両6合8夕
天保15年11月10日	銀札	15貫目	62両5合	336か月	168両	230両5合
弘化3年11月26日	銀札	2貫500目	52両8夕3才	324か月	134両9合9夕9才	187両8夕2才
弘化3年12月6日	銀札	7貫500目	31両2合5夕	323か月		112両
弘化4年11月	銀札	31貫462匁4分	130両4合8才	299か月	311両9合3夕5才	442両3合4夕3才
嘉永元年12年30日	銀札	7貫目	29両1合6夕6才	297か月	69両2合9夕8才	98両4合6夕4才
嘉永元年12月23日	銀	4貫800目	70両5合8夕8才	287か月		232両6合5夕2才
嘉永2年3月28日	銀	12貫120目	178両2合3夕	284か月	404両9合3夕8才	583両1合6夕2才
嘉永3年正月	銀	8貫502匁	125両3夕	274か月	274両6夕5才	399両9夕5才
嘉永3年2月	銀札	1貫500目	22両5夕9才	273か月	48両1合7夕6才	70両2合3夕5才
嘉永5年11月28日	金		250両	240か月	480両	730両
					合　計	3241両9合5夕6才

北河恵吉分

年 月 日	種類	上納額	金に直す	明治5年迄月数	利　金	元利合計
弘化4年11月	米札	36貫463匁4分	151両9合3夕	298か月	362両5合7夕	514両4合9夕
嘉永元年3月	米札	15貫目		283か月		239両3合7夕
嘉永3年12月	銀	38貫381匁5分	563両2合5夕7才	263か月	185両9合2夕	1748両3合4夕9才
嘉永4年正月	銀	4貫170目	61両3合2夕3才	262か月	160両6合6才	221両9合9才
嘉永5年11月	金・		250両	240か月	480両	730両
					合　計	3454両1合9夕9才

注）小林文書より作成

市右衛門が三、四二一両、北河恵吉も三、四五四両にも及ぶものであった。利息金は一か月に付八朱一厘（〇・八一％）で計上していた。ところが北河恵吉が「商用有之、昨秋より旅行中ニ而取調等も出来兼」との都合があって提出期限に間に合わなかったために「期限後者御採用無之趣ニ而誠ニ当惑相究候」と却下されてしまったのである。柳川暴動の最中のことであったと思われる。そこで同年十一月十二日に「今般大蔵省御官員御下向之由承知仕、他よりも差出候段乍承、此儘罷在候而者、対養家難差出置奉存候」と大蔵省から柳川暴動に関わって官員が派遣されてくることを知って、小林市郎と北河恵吉は戸長の五条頼長を通して三潴県へ「仕切目録」と「通帳」の写しを添えて出願したのである。三潴県では各区の状況を取り纏めて大蔵省へ提出していたが、明治六年（一八七三）三月に至り大蔵大輔井上馨から旧柳川県へ金穀を上納していた三五名の者の内、今村省吾外五名については「兼而布達期限中証書写差出有之候もの共ニ付、負債一般之御処分可有之」と取り上げると通知があった。しかし「其余之者共ハ布達云々之期限中一応旧県庁江差出之由之処、調直し之ため下戻し、其後旅行病気等ニ而打捨置并高畠由憲始二十三名も同様旅行或ハ病気等ニ而打過候トハ乍申、数月之間捨置、此節巡廻之者相越候ニ付、差出候者□□等閑之所為、布達ニ悖り不都合也、且同採用不相成候事」とし、小林市郎らの出願は取り上げられなかったのである。(9) 彼らの落胆は想像に絶するものがあったと思われる。けれども小林家はこの経済的打撃にも簡単には屈することはなかった。地租改正が実施されて行く中、明治十一年（一八七八）四月の小林家の地券を集計すると、田四町二反二畝五歩、畑宅地三町八反一畝九歩、山林九反二畝一六歩を所持していたのである。(10)

また明治十三年（一八八〇）の「買入帳」では大淵村内で弓掛八名、尾龍野四名、竹下三名、花巡・中ノ村・大梅・吹原・渡上り各一名の二〇名から櫨実二万五、一九二斤を買い入れていたのである。ただし、近世期のように自らが製造していたのかどうかは不明である。近世期に柳川藩が大淵村から買い上げていたのが、およそ二万斤であったから、これが大淵村での近世以来の実態であったものと考えられる[11]。

明治二十年（一八八七）の所得税導入に関わって行った所得調べでは、小林市郎の質地所得が大淵村分二六〇円、木屋村分二三円、矢部村分三円の三か村合計が二八六円で、質所得が一四一円七〇銭、貸金利得が二一円、そして櫨の所得出分が四、五〇〇斤、茶一五〇斤であったことが分かる[12]。

また明治三十二年（一八九九）の所得調高では一、三二九円二九銭三厘であった[13]。明治三十三年調査の「福岡県一円富豪家一覧表」では「九二・小林市郎」とあり、これは等級が九二であって、所得金高が一、三〇〇円を示すものであった。明治二十九年（一八九六）に近世以来の北大淵村と大淵村が合併して近代の大淵村が誕生する。その現住戸数は六四一戸であったが、小林家の資産状況はもちろん大淵村ではトップの存在であった。なお、前掲「福岡県一円富豪家一覧表」には同村に「一三六・北川親蔵」と所得金高八〇〇円を示し、第四位となる者が存在していたが、北河恵吉とはどのような関係であったかは不明である[14]。

このように矢部川上流域に存在した小林家は市右衛門の代に在郷商人として櫨・蠟を扱い、やがて柳川藩と結びついて活動を広げていったのであり、近代に至っても、小林市蔵・市郎へと引き継がれ、質地経営と櫨実・楮・茶等の販売を行い、明治後半期にはついに福岡県一体での富豪家の仲間入りを果たしていたのである。

注

（1）前掲小林文書「永々譲渡地方証文之事」（明治元年十一月）

（2）前掲小林文書「覚」（明治五年正月）

（3）前掲小林文書「預り手形之事」（明治五年正月）

（4）前掲小林文書「差上置候証文之事」（明治三年十月）
（5）『福岡県史　近代史料編三潴県行政』西日本文化協会、一九八五年、三三頁、なお三潴県は明治九年八月二十一日に廃県となり、筑後国一円は福岡県の管轄となる。
（6）前掲『福岡県百科事典』下巻、九九七頁
（7）前掲『福岡県史』三九六頁
（8）前掲『福岡県百科事典』下巻、九九七頁
（9）前掲小林文書「達」（明治六年三月七日）
（10）前掲小林文書「地券」（明治十一年四月）
（11）前掲小林文書「買入帳」（明治十三年正月）
（12）前掲小林文書「金銭書上綴」（明治二十年）
（13）前掲小林文書「雑記帳」（明治期）
（14）「福岡県一円富豪家一覧表」（『都道府県別資産家地主総覧（福岡編1）』所収）日本図書センター、一九九九年、一六一頁

あとがき

日本の近世社会は領主階級が封建地代を基本的には米穀で収奪する体制である。しかし一八世紀以降に全国各地に大地主が登場して来ている。この大地主の形成は米穀生産を行う農民がその剰余労働部分の一部を取得出来る条件が生まれていたことの反映である。

幕藩制社会は石高制が土台であり、その米穀を質地・流地取得、新田の購入、あるいは酒造米の確保等、経緯は様々であるけれど、大地主はそれを取得して成長してきたものである。

近世後期に大地主は農民の剰余労働部分の取得をめぐって領主階級と経済的には競合する程になる。そして近代に入って地租改正、松方デフレや産業革命を契機として日本の重要な社会勢力の一つとなったものである。

これらの地主研究ついては戦後の農地改革を機に大きく発展し、近世・近代を含めた研究の成果は今日までに著書や論文で、およそ四〇〇点（自治体史を除く）に及ぶものとなっている。それらの研究が多く生み出されてきた時期は高度経済成長期（一九五五年から一九七四年まで）であって、全体の五四％を占めているが、二一世紀に入ってからは三・五％と急減している。けれども一九二四年（大正十三）農務局調査の「五十町歩以上ノ大地主」によれば、大地主はかつて全国には二、四九三（北海道を除く）の個人および土地会社で存在していたのであって、まだまだ地主研究（大地主だけでなく、中小地主を含めて）が尽くされたというような状況ではない。勿論これらの中には近世以来の大地主もかなり存在していたものと考えられるが、近世に大地主となったけれども、近代以降に衰退した者や、近代以降に急激に成長した者もあり、必ずしも近世からの系譜を持つ者だけを対象にして追究するものではない。

高度経済成長期以降の日本社会は、当時には想像出来なかったような大変貌が起こっており、現代の農村にはもはやかつての「大地主時代」を彷彿させるようなものは、一部に資料館等となっているものを除いて、ほとんど姿を消していて大地主研究を行う条件には大変に厳しいものがある。しかし大地主は戦後改革という未曽有の社会変革の中で解体させられてしまったのであって、決して自然消滅したものではない。だから解体過程の研究こそが重要であるけれども、その形成過程について追究することの意義が小さいというものではないであろう。

本書は筆者が近世日本の大地主形成に関して発表してきたものを収めたものである。

第一章は一八九八年（明治三十一）に兵庫県大地主の第八位であったたつの市日飼町の堀　彦左衛門家を扱ったものである。堀家については一九八二年（昭和五十七）に龍野市史編纂事業が史料整理をされ、史料目録が存在していることを二〇〇二年（平成十四）に龍野歴史文化資料館を訪れた時に知り、所蔵者の堀　謙二氏のご厚意があって閲覧出来たものである。五、〇〇〇点を超える膨大な史料であり、しかも大地主の経営を詳細に記した分厚い「万覚帳」が二百数十冊も伝存しており、今回まとめたものは残念ながら「九牛の一毛」との観を免れない。

第一節では一六五八年（万治元）に「ひこ左衛門」として登場する堀家が享保期の彦左衛門延元の時に庄屋の地位を確立し、延祐・延政と続く三代の間に揖保川流域を代表する豪農になって行く経済活動を取り上げ、その発展の鍵となったものが城下町龍野町を中心とした西播磨地域の米穀市場であったことを明らかにしたものである。

第二節では産業革命期に堀家の当主であった堀　謙治郎の企業活動を取り上げ、投資活動や銀行経営を通して巨大地主と資本主義との関わりを追究したものである。

第二章は二〇〇二年（平成十四）に千葉県の五〇町歩地主であった香取郡東庄町夏目の向後七郎兵衛家に伝存する膨大な史料の保存に尽力されておられた旭市在住の越川栄一郎氏（元海上町教育長）に協力し、その史料整理を行う中でまとめたものである。椿新田の周辺村落には旭市鏑木の巨大地主平山家があり、同家については早くから多くの人々に注目されて優れた研究がある。ところが椿新田内に近世期から出現した大地主の研究はほとんどない。新田周辺の大地主と比較研究するための基礎作業として取り組んだものである。しかし、新田成立の早い時期から新田購入を行っているが、その資金がどこから出たのかは明らかにならなかった。

第三章では近世の銚子湊に入津する米穀類を引き受け、それを九十九里浜の漁業生産者へ渡し、干鰯・〆粕あるいは魚油を入手し、江戸や北関東・東北地方へ売却する活動をしていた干鰯商人の岩瀬利右衛門家を取り上げた。第一節は岩瀬家は銚子穀仲間の出身で、幕末維新期には肥料仲買商として急成長する。そして一八九〇年代に貸金の担保として椿新田内に一括して一〇〇町歩の土地を入手する。経緯となった香取新之助家との訴訟を中心にまとめたものである

第二節は岩瀬利右衛門の長男である岩瀬為吉は東京法律専門学校を卒業すると、ただちに帰郷し、地主経営を任された。彼は居所を銚子荒野村から椿新田内に移し、学んだ法律知識を駆使して小作経営に専念する。一方、所有地一〇〇町歩の内、五二町歩を自作地にして岩瀬農場を経営するが、これは全国でも特異なものであった。そして難題の用排水事業には農民の先頭に立って苦闘していたが、その状況を明らかにしたものである。

第四章は東上総地域は多くの大地主を輩出していた。千葉県埴生郡立木村（茂原市）の高橋喜惣治家はその一つで、近世初期本百姓の系譜を持つ有力農民として存在していた。しかし豪農として台頭するのは一九世紀以降のこ

とであり、その要因を地域米市場と関係して検討したものである。

第五章は近世期に台頭する大地主の多くが在郷商人として商業活動を行い、その蓄積が成長に大きな役割を果たしてきたものを扱ったものである。

第一節では秋田県雄物川上流域の大地主小川長右衛門家は明和期まで全く土地を所有せず、小商人であったが、その商業活動を明らかにし、台頭の契機となった米穀販売の活動を秋田藩の買米政策と関連させて取り上げた。

第二節は山形県庄内平野でほとんど土地を所持せずに酒造業へ専念していた羽根田与次兵衛家がその酒造米を確保する必要から土地集積を行って大地主化しており、近代以降は地主経営を縮小して、近代酒造資本に転換していく過程を追究したものである。

第三節は福岡県上妻郡大淵村（八女郡黒木町）の蠟商人小林市右衛門家を扱ったものである。柳川藩の蠟専売制と関わって台頭の機会をつかみ、質地経営と櫨実・楮・茶の販売を行って成長する在郷商人の軌跡を辿ったものである。近代には五〇町歩地主までにはならなかったが、一九〇〇年（明治三十三）の「福岡県一円富豪一覧表」に登場するものである。

これらの論文の初出時のタイトル及び初出誌は以下のものである。

「揖保川流域における豪農経営の成立」『千葉経済大学短期大学部研究紀要』第二号、二〇〇六年

「巨大地主と資本主義―兵庫県名望家の経済活動を中心に―」『千葉経済大学短期大学部研究紀要』第四号、二〇〇八年

「椿新田における豪農経営の成立」『千葉経済大学短期大学部研究紀要』第三号、二〇〇七年

「水田単作地帯に於ける一〇〇町歩地主の成立」小笠原長和編『東国の社会と文化』所収、一九八五年
「寄生地主の経営と展開」千葉経済短期大学『商経論集』第二二号、一九八九年
「東上総に於ける五〇町歩地主の形成」千葉経済短期大学『商経論集』第二五号、一九九二年
「雄物川上流域における在郷商人の動向」千葉経済大学短期大学部『商経論集』第三三号、二〇〇〇年
「庄内地域における商人地主の形成」鈴木信雄・川名 登・池田宏樹編『過渡期の世界』所収、日本経済評論社、一九九七年
「筑後国矢部川上流域の在郷商人」『千葉経済大学短期大学部研究紀要』第一号、二〇〇五年

論文の収録にあたっては、第三章に若干の加筆した他は和暦に一部西暦を加えたことと、誤植を訂正した以外、基本的な内容は初出時のままにしてある。

筆者が歴史学を学ぶことになったのは、一九五八年（昭和三十三）に千葉大学文理学部三年時に恩師小笠原長和先生（千葉大学名誉教授）の講義を受けたことからである。卒業後は千葉県議会史や旭市史の編纂事業にご推薦を頂いた他、今日まで五〇年の間、公私にわたり様々なご指導を頂いてきている。千葉大学の学生時代に川名 登先生（千葉経済大学名誉教授）と堀江俊次先生（元東京女子医科大学講師）の大先輩に出会ったことも大きな転機となった。川名先生には学生の時に初めて史料調査に連れていって下さって以来、海上町史・境町史の編纂事業あるいは利根川文化研究会の活動等、今日まで歴史研究において懇切なご指導を受けている。一九八八年（昭和六十三）に高校教員から大学教員に換わった時、川名先生は所属の学科長をされておられ、新しい教員生活に戸惑いがちであった筆者にこれほど心強い存在はなかった。

収録した論文のうち、千葉県以外のものは全国の河川流域について千葉経済大学短期大学部で共同研究を行った

成果の一部である。この共同研究は坂本信生先生（千葉経済大学短期大学部名誉教授）が代表責任者となり、川名先生・伊藤敦司氏（杏林大学准教授）・中村　勝氏（元千葉経済大学短期大学部講師）の各氏と行ったものである。航空機とレンタ・カーで全国を駆け回るという慌ただしい調査であったが、これらの方々には大変にお世話になった。また収録した論文の多くは千葉経済大学短期大学部の研究紀要に掲載してきたものである。長年にわたって研究活動を続けさせて下さった佐久間勝彦同大学短期大学部学長（千葉経済学園理事長）を始め短期大学部教職員の方々にも改めて御礼申し上げたい。

一九八〇年代に堀江先生が自治労千葉県本部と統一戦線促進千葉県労働組合懇談会の二つの労働運動史編纂事業（『自治労千葉の三十五年—房総の現代—』と『はたらく者の現代史—千葉県労働運動史—』を刊行）の責任者になられた際に誘って下さったことも大きかった。筆者の専門分野と違う労働運動のことであり、当初は若干戸惑うこともあったが、編集会議の主要メンバーであった桜井和三郎（元自治労千葉県本部書記長）・鈴木貞男（元自治労千葉県本部執行委員長）・鈴木正彦（元千葉県職員労働組合委員長）・矢野吉宏（元千葉労連議長）・池田邦樹（元船橋市役所職員労働組合委員長）の各氏との出会いは忘れられない。そこでは労働運動の豊かな経験が透徹した鋭い歴史認識に基いていることを教えてくれたからである。この編纂過程で山口　尚氏（初代千葉県職員組合委員長）にお会いでき、その後様々にご教示を頂くことになったことも大きかった。この他お名前を挙げてなくて恐縮であるが、多くの方々にお世話になったからこそ、ささやかではあるが約半世紀に及ぶ歴史研究と歴史教育を続けることが出来たものと思っており、ここに謹んで感謝申し上げる次第である。

そして最後になるが、前著に引き続いて今回も国書刊行会の力丸英豪編集課長に出版にあたって大変なご厚意にあずかった。記して感謝の意を表したい。

二〇〇八年（平成二十）十月十日

池田宏樹

項目索引

あ

か

さ

ら

わ

著者略歴

池田宏樹（いけだひろき）
1937年、東京都生まれ。
1960年、千葉大学文理学部卒。
1960年、千葉県公立高校教員となる。
1995年、千葉経済大学短期大学部教授となる。
2008年、定年退職。同大学短期大学部名誉教授。
利根川文化研究会会長。
『日本の近代化と地域社会』（著）国書刊行会
『房総と江戸湾』（共著）吉川弘文館
『千葉県の歴史100話』（共著）国書刊行会、ほか。

近世日本の大地主形成研究

平成二〇年一一月一〇日発行

著　者――池田宏樹
発行者――佐藤今朝夫
発行所――株式会社国書刊行会
〒一七四-〇〇五六　東京都板橋区志村一-一三-一五
Tel 〇三-五九七〇-七四二一
Fax 〇三-五九七〇-七四二七
http://www.kokusho.co.jp
印刷――㈱シナノ
製本――㈲青木製本
ISBN978-4-336-05083-0